PEIDIANWANG JIANXIU GUICHENG

配电网检修规程

国网北京市电力公司 编

中国电力出版社
CHINA ELECTRIC POWER PRESS

内 容 提 要

为进一步规范配电网施工验收、运维和检修工作，国网北京市电力公司根据国家电网公司配电网"六化、六统一"标准化建设工作整体部署，结合国网北京市电力公司配电网的发展水平、运行经验和管理要求，特编制《配电网运维规程》、《配电网检修规程》、《配电网施工工艺及验收规范》系列规范。

本系列规范适用于从事配电网施工验收、运行维护的人员阅读，亦可作为配电网施工单位的技术人员及大专院校师生的参考用书。

图书在版编目（CIP）数据

配电网检修规程/国网北京市电力公司编. —北京：中国电力出版社，2015.6（2025.8重印）
ISBN 978-7-5123-7834-6

Ⅰ．①配… Ⅱ．①国… Ⅲ．①配电系统－检修－技术－操作规程 Ⅳ．①TM727-65

中国版本图书馆 CIP 数据核字（2015）第 109480 号

中国电力出版社出版、发行
（北京市东城区北京站西街 19 号　100005　http://www.cepp.sgcc.com.cn）
北京雁林吉兆印刷有限公司印刷
各地新华书店经售

＊

2015 年 6 月第一版　2025 年 8 月北京第十次印刷
787 毫米×1092 毫米　16 开本　5.75 印张　135 千字
印数 15001—16000 册　定价 22.00 元

编　委　会

主　任　刘润生

副主任　干银辉　陈　平　王　鹏　李　蕴　郑广君

　　　　徐于海　李长海　林　涛　刘　音　尚　博

　　　　焦建林　刘　琼　张学哲　韩　良

委　员　辛　锋　马　震　袁　昕　董　宁　温明时

　　　　段大鹏　竺懋渝　李　伟　张艳妍

本书编写组成员

朱　民　李明春　崔　征　关　涛　牟　磊

张海东　常　波　曹　亮　常　新　马光耀

刘拓英良　贾雪峰　付新翌　张　成　陈光华

饶　强　桂　媛　王　磊　马鹏飞

前　言

　　配电网作为最基础的电力设施，与广大电力用户直接相连，是电能传输链的重要环节，其结构及设备设施运行管理状况直接影响到供电可靠性和电能质量。配电网的建设和运行涉及规划设计、设备选用、建设改造、施工验收、运行维护等多个管理环节，其中施工验收、运行维护环节对于配电网的安全可靠运行，具有至关重要的作用。

　　为进一步规范配电网施工验收、运维和检修工作，国网北京市电力公司（简称国网北京公司）根据国家电网公司配电网"六化、六统一"标准化建设工作整体部署和配电网相关规范，结合国网北京公司配电网的发展水平、运行经验和管理要求，特编制《配电网运维规程》、《配电网检修规程》、《配电网施工工艺及验收规范》系列规范，全面指导公司配电网施工验收、运维和检修工作。该书内容全面、结合实际、可操作性强，对于生产一线工作具有很强的指导意义。

　　由于编写时间仓促，难免存在不足之处，恳请广大专业技术人员提出宝贵意见和建议，以便今后完善。

编者

目　录

配 电 网 检 修 规 程

1 范围

本规程规定了配电网设备检修的周期、项目和内容。

本规程适用于国网北京市电力公司所属各供电公司 10kV 及以下配电网设备检修工作。

2 规范性引用文件

下列文件对于本文件的应用是必不可少的。凡是注日期的引用文件，仅注日期的版本适用于本文件。凡是不注日期的引用文件，其最新版本（包括所有的修改单）适用于本文件。

GB 11032   交流无间隙金属氧化物避雷器

GB/T 50217   电力工程电缆设计规范

DL/T 4741   现场绝缘试验实施导则 第 1 部分：绝缘电阻、吸收比和极化指数试验

DL/T 593   高压开关设备和控制设备标准的共用技术要求

DL/T 596—1996   电力设备预防性试验规程

DL/T 741—2010   架空输电线路运行规程

DL/T 5221   城市电力电缆线路设计技术规定

Q/GDW 455   电缆线路状态检修导则

Q/GDW 456   电缆线路状态评价导则

Q/GDW 643   配网设备状态检修试验规程

Q/GDW 644   配网设备状态检修导则

Q/GDW 645   配网设备状态评价导则

Q/GDW 1512—2014   电力电缆及通道运维规程

Q/GDW 1519—2014   配电网运维规程

Q/GDW 11261—2014 配电网检修规程

Q/GDW 11262—2014 电力电缆及通道检修规程

国家电网公司配网运维管理规定［国网（运检/4）306—2014］

国家电网公司配网检修管理规定［国网（运检/4）311—2014］

北京电力公司电气设备检修周期规定（试行）（京电生〔2007〕39 号）

国网北京市电力公司电力设备状态检修试验规程（京电生〔2011〕33 号）

国网北京市电力公司电网设备状态评价管理办法（京电运检〔2012〕30 号）

国网北京市电力公司配电网检修管理办法（京电运检〔2012〕69 号）

国网北京市电力公司配网状态检修实施细则（试行）（京电运检〔2014〕12 号）

国网北京市电力公司电力安全工作规程（京电安〔2010〕8 号）

地区电网调度管理规程（京电调〔2011〕43 号）

3 术语和定义

下列术语和定义适用于本规程

3.1
开关站 switching station

10kV 进线由变电站引出（至少有两回），10kV 侧设有母联并具备自投功能，10kV 侧采用断路器并配有直流（交流）及保护装置的电力设施，必要时可附设配电变压器。其作用为：配电线路之间互连互供；减少变电站出线走廊，将变电站 10kV 母线延伸至负荷中心区，起负荷再分配作用。

3.2
配电室 distribution room

10kV 侧无母联，10kV 侧采用负荷开关（变压器单元为熔断器保护）或断路器，装有配电变压器和低压配电装置的配电间。其作用为：向负荷中心区提供低压电源；串带下级配电室，实现环网供电；依据就近供电的原则，就近向 10kV 用户提供电源。

3.3
箱式变电站 cabinet/pad-mounted distribution substation

也称预装式变电站或组合式变电站，指由 10kV 开关、配电变压器、低压出线开关、无功补偿装置和计量装置等设备共同安装于一个封闭箱体内的户外配电装置。

3.4
环网单元 ring main unit

用于 10kV 电缆线路分段、联络及分接负荷，由进、出线环网柜及附属设备组成。按使用场所可分为户内环网单元和户外环网单元；按结构可分为整体式和间隔式。户内环网单元安装于室内，主要用于电缆线路中，亦称电缆分界室。户外环网单元安装于箱体中，主要用于架混线路中，亦称开闭器。

3.5
断路器 circuit breaker

能够关合、承载和开断正常回路条件下的电流并能关合、在规定的时间内承载和开断异常回路条件下的电流的开关装置。

3.6
负荷开关 load switch

介于断路器和隔离开关之间的一种开关设备，具有简单的灭弧装置，能切断额定电流和一定的过载电流，但不能切断短路电流。

3.7
隔离开关 disconnecter

在分闸位置时，触头间有符合规定要求的绝缘距离和明显的断开标志；在合闸位置时，能承载正常回路条件下的电流和在规定时间内异常条件（例如短路）下的电流的开关设备。

3.8
电缆本体 cable body

指除去电缆接头和终端等附件以外的电缆线段部分。

3.9

电缆终端　cable termination

安装在电缆末端，以使电缆与其他电气设备或架空输配电线路相连接，并维持绝缘直至连接点的装置。

3.10

电缆接头　cable joint

连接电缆与电缆的导体、绝缘、屏蔽层和保护层，以使电缆线路连续的装置。

3.11

电缆附件　cable accessories

电缆终端、电缆接头等电缆线路组成部件的统称。

3.12

电缆通道　power channels

电缆隧道、电缆沟、排管、直埋、电缆桥、电缆竖井等电缆线路的土建设施。

3.13

电力隧道　cable tunnel

容纳电缆数量较多、有供安装和巡视方便的通道，且为地下电缆构筑物。

3.14

电力排管（埋管）　cable duct

按规划电缆数量开挖沟槽一次建成多孔管道的地下电缆构筑物。

3.15

工作井　manhole

供人员出入以安装电缆接头等附属部件、供牵拉电缆作业所需的或电缆通道通风所需的电缆构筑物。

3.16

柱上负荷开关　pole-mounted load switch

安装于电线杆上，用于断开、闭合架空线路的负荷开关设备。

3.17

柱上用户分界负荷开关　pole-mounted user boundary load switch

安装于电线杆上，由负荷开关本体及测控单元组成，通过航空插接件及户外密封控制电缆进行电气连接的免维护成套设备，用于供电公司与用户的产权分界。

3.18

户外封闭型喷射式熔断器　outdoor closed type jet fuse

由绝缘封闭型喷射式瓷件、载熔件、绝缘接线端子、绝缘接线端子引线、密封件等组成的户外熔断器。当电流超过规定值足够时间，熔断件熔体在载熔件灭弧管内熔断，同时熔断件熔断后自动弹出一定距离而提供足够的隔离断口。它是喷射式熔断器的一种。

3.19

配电自动化　distribution automation（DA）

以一次网架和设备为基础，综合利用计算机、信息及通信等技术，并通过与相关应用系统的信息集成，实现对配电网的监测、控制和快速故障隔离。

3.20

配电自动化系统　distribution automation system（DAS）

实现配电网运行监视和控制的自动化系统，具备配电SCADA（Supervisory Control And Data Acquisition，SCADA）、故障处理、分析应用及与相关应用系统互连等功能，主要由配电自动化系统主站、配电自动化系统子站（可选）、配电自动化终端和通信网络等部分组成。

3.21

配电自动化系统主站　master station of distribution automation system

主要实现配电网数据采集与监控等基本功能和分析应用等扩展功能，为配电网调度和配电生产服务，简称配电主站。

3.22

配电自动化终端　remote terminal unit of distribution automation

安装在配电网的各种远方监测、控制单元的总称，完成数据采集、控制、通信等功能。简称配电终端，主要包括馈线终端、站所终端等。

3.23

馈线终端　feeder terminal unit（FTU）

安装在配电网架空线路杆塔等处的配电终端，按照功能分为"三遥"终端和"二遥"终端，其中"二遥"终端又可分为基本型终端、标准型终端和动作型终端。

3.24

站所终端　distribution terminal unit（DTU）

安装在配电网开关站、配电室、环网单元、箱式变电站等处的配电终端，按照功能分为"三遥"终端和"二遥"终端，其中"二遥"终端又可分为标准型终端和动作型终端。

3.25

配电变压器终端　transformer terminal unit（TTU）

安装在配电变压器，用于监测配电变压器各种运行参数的配电终端。

3.26

电压互感器　Potential transformer（TV）

主要由一、二次绕组、铁芯和绝缘组成。将高电压按比例转换成低电压，主要给测量仪表、继电保护及自动化装置用。

3.27

电流互感器　Current transformer（TA）

主要由一、二次绕组、铁芯和绝缘组成。将大电流按比例转换成小电流，主要给测量仪表、继电保护及自动化装置用。

3.28

状态　condition

指对设备当前各种技术性能与运行环境综合评价结果的体现。设备状态分为正常状态、注意状态、异常状态和严重状态四种类型。

3.29

状态量　criteria

指直接或间接表征设备状态的各类信息，如数据、声音、图像、现象等。

4 总则

4.1 配电网设备检修必须坚持"安全第一、预防为主、综合治理"的方针,在保证安全的前提下,综合考虑设备状态、运行工况、环境影响以及风险等因素,按照《北京市电力公司电力安全工作规程》(京电安〔2010〕8号)的规定,落实好组织、技术、安全措施,确保工作中的人身和设备安全。

4.2 配电网检修工作应遵循"状态检修""综合检修"的基本原则,根据配电网设备的状态评价结果和综合分析,适时做好配电网设备检修,做到"应修必修、修必修好"。

(1)"状态检修"原则。是指以安全、可靠性、环境、效益等为基础,通过设备的状态评价、风险分析、检修决策等手段开展设备检修工作,达到设备运行安全可靠、检修成本合理的一种设备检修策略。

(2)"综合检修"原则。在检修计划编制中考虑将检修工作和工程项目结合、二次和一次设备结合、同一间隔设备结合,统筹安排,最大限度地减少设备的停电次数和时间,降低设备检修所带来的电网运行风险。

4.3 配电网设备检修应优先采用不停电或少停电检修的方式,以减少计划停电,提高供电可靠性。

4.4 配电网设备检修应积极采用先进的材料、工艺、方法及检修工器具,确保检修工作安全,努力提高检修质量,缩短检修工期,以延长设备的使用寿命和提高安全运行水平。

4.5 检修工器具必须采用合格产品并在检验有效期内使用。工器具的使用、保管、检查及试验应符合《北京市电力公司电力安全工作规程》(京电安〔2010〕8号)的规定要求。

4.6 配电网设备故障抢修工作应严格贯彻执行《北京市电力公司电力安全工作规程》(京电安〔2010〕8号)和《地区电网调度管理规程》(京电调〔2011〕43号)规定,不发生违章指挥、违章操作等行为,保证人身和设备安全。现场抢修工作要以防止故障扩大、快速恢复供电为导向,做好抢修进度、抢修质量、抢修安全管理;对于暂时无法彻底修复的故障,可采取临时供电措施,但应确保安全,同时安排永久恢复处理。

4.7 设备检修、事故抢修后,设备的型号、数量及其他技术参数发生变化时,应及时变更相应设备的技术档案。

4.8 设备检修均应按标准化管理规定,编制符合现场实际、操作性强的作业指导书,组织检修人员认真学习并贯彻执行。

4.9 对较复杂的检修项目,应根据检修工作内容组织工作票签发人和工作负责人进行现场勘察。现场勘察应察看检修作业现场的设备状况、作业环境、危险点、危险源及交叉跨越等情况,并做好现场勘察记录。

4.10 设备检修后必须经验收合格方可恢复运行。

5 配电网设备状态评价

5.1 配电网设备状态评价是状态检修的重要组成部分,应按照 Q/GDW 645、《北京市电力公司电力设备状态检修试验规程》(京电生〔2011〕33号)等技术标准,坚持定期评价与动态评价相结合的原则,综合参考设备投运、运行、检修试验和家族性缺陷等多方面信息,通过对设备特征参量收集、分析,确定设备状态和发展趋势。

5.2 设备状态评价包括设备定期评价和设备动态评价。

（1）设备定期评价指每年为制定下年度设备状态检修计划，集中组织开展的配电网设备状态评价和检修决策工作。配电网设备状态评价和检修策略实行定期开展，特别重要设备❶每年 1 次，重要设备❷1 年～2 年 1 次，一般设备 1 年～3 年 1 次。

（2）设备动态评价指除定期评价以外开展的配电网设备状态评价和检修决策工作，应根据设备状况、运行工况、环境条件等因素及时开展，确保设备状态可控、在控。主要内容包括新设备首次评价、运行动态评价、不良工况评价、检修评价和特殊时期专项评价等。

5.3 为了便于对设备的状态进行不同层次的归纳，根据设备状态量的评价和对安全运行影响的大小将设备状态分为四种：正常状态、注意状态、异常状态、严重状态。

（1）正常状态。指设备各状态量均处于稳定且良好的范围内，设备可以正常运行。

（2）注意状态。指设备几个状态量变化趋势朝接近标准限值方向发展，但未超过标准限值，或部分一般状态量超过标准值，仍可以继续运行，但应加强运行中的监视。

（3）异常状态。指设备几个状态量明显异常，已影响设备的性能指标或可能发展成严重状态，仍能继续运行，并及时安排停电检修。

（4）严重状态。指设备状态量严重超出标准或严重异常，设备只能短期运行或立即停电处理。

5.4 运维单位应以生产管理系统（PMS）划分的设备单元为基本评价单位，在 PMS 评价模块中积极开展设备状态评价工作。

6 检修决策

6.1 检修决策应依据设备状态评价结果和 Q/GDW 644 等技术标准，并综合考虑检修资金、检修力量、电网运行方式安排等情况，综合调度、安监部门意见，确定设备检修维护策略，明确检修类别、检修项目和检修时间等内容，对设备检修的必要性和紧迫性进行排序，确定检修的实施时机，保证检修决策的科学性和可操作性。

6.2 检修类别。

按照检修工作项目和涉及范围，将配电网一次设备检修工作分为五个类别：A 类检修、B 类检修、C 类检修、D 类检修和 E 类检修。其中 A、B、C 类是停电检修，D、E 类是不停电检修。

（1）A 类检修。指整体性检修，对配电网设备进行较全面、整体性的解体修理、更换。

（2）B 类检修。指局部性检修，对配电网设备部分功能部件进行局部的分解、检查、修理、更换。

（3）C 类检修。指一般性检修，在停电状态下对设备进行的例行试验、一般性消缺、检查、维护和清扫。

（4）D 类检修。指维护性检修和巡检，在不停电状态下对设备进行的带电检测和外观检查、维护、保养。

（5）E 类检修。指设备带电情况下采用绝缘手套作业法、绝缘杆作业法进行的检修、消

---

❶ 特别重要设备是指在配电网中所处位置特别重要，以及对特级重要用户和一级重要用户供电的配电网设备。

❷ 重要设备是指在配电网中所处位置重要，以及对二级重要用户供电的配电网设备。

缺、维护。

6.3 设备检修周期。

（1）A、B类检修。不设定周期，根据设备状态评价结果确定。

（2）C类检修。特别重要设备每6年1次；重要设备每10年1次；架空线路宜每5年～10年进行一次停电检修；微机型继电保护设备每6年进行1次保护校验，电磁型、集成电路型等非数字式继电保护设备的校验周期按照《北京电力公司电气设备检修周期规定（试行）》（京电生〔2007〕39号）执行。

（3）D类检修。带电检测项目按《北京市电力公司电力设备状态检修试验规程》（京电生〔2011〕33号）规定的周期进行；维修项目，不设定周期，根据设备状态评价结果确定。

（4）E类检修。不设定周期，根据设备状态评价结果确定。

6.4 根据《国网北京市电力公司电网设备状态评价管理办法》（京电运检〔2012〕30号）及时开展设备状态评价工作，根据评价结果，确定相应的检修策略。

（1）当设备被评价为"正常状态"时，按照正常周期或延长1年执行C类检修。

（2）当设备被评价为"注意状态"时，应首先考虑安排D、E类检修，并按照基准周期适时提前安排C类检修。对注意状态的设备适当缩短巡检周期，及时做好跟踪分析工作。

（3）当设备被评价为"异常状态"时，根据设备具体情况确定检修类别，并及时安排，必要时进行设备更换。实施检修前应加强巡检和带电检测工作，及时编制并完善应急处理预案。

（4）当设备被评价为"严重状态"时，根据设备具体情况确定检修类别，必要时立即安排，可根据设备的严重情况对设备进行更换。实施检修前应加强巡检和带电检测工作，及时编制并完善应急处理预案。

6.5 同一停电范围内某个设备需停电检修时，相应其他的设备宜同时安排停电检修；因故提前检修且需相应配电网设备陪停时，如检修时间提前不超过2年宜同时安排检修。

6.6 设备确认有家族缺陷时，应安排普查或进行诊断性试验。对于未消除家族缺陷的设备应根据评价结果重新修正检修周期。

6.7 0.4kV设备检修周期宜与其所带用户的重要程度保持一致。0.4kV设备检修依据缺陷程度（一般缺陷、严重缺陷、危急缺陷）安排检修。一般缺陷、严重缺陷必要时进行检修，危急缺陷应立即安排检修。

6.8 为减少用户电压异常的报修和投诉数量，提高用户电压质量，应积极开展电压异常治理工作。各类电力用户的供电电压偏差的限值执行GB/T 12325—2008的规定，低压线路供电半径应满足Q/GDW 370《城市配电网技术导则》的规定。

6.8.1 电压异常治理流程

6.8.1.1 通过用户报修和投诉、现场实测、配网抢修指挥平台查询等方式获取电压异常信息。

6.8.1.2 对电压异常台区进行现场实测，若现场实测数据与系统监测数据基本一致，应开展电压异常原因分析，若实测数据与系统监测数据不一致，应开展数据异常原因分析，应一周内完成电压异常治理或数据异常治理工作。

6.8.2 电压异常治理原则

6.8.2.1 电压高于正常范围时治理原则

（1）线路首端、末端的用户电压均高于正常范围，应调整变压器分接头使电压回归至正常范围内。

（2）线路首端电压高于正常范围且影响电器正常使用，而末端电压在正常范围内，应结合首端、末端电压情况，通过调整变压器分接头使电压回归至正常范围内。

（3）线路首端电压高于正常范围，而末端电压在正常范围内，若不影响电器正常使用，应加强变压器台区监测。

6.8.2.2 电压低于正常范围时治理原则

（1）当负荷不平衡度、变压器负载率、供电半径均在正常范围时，应通过调整变压器分接头使电压回归至正常范围内。

（2）当负荷不平衡度较高，但变压器负载率、供电半径在正常范围时，应采取三相均负荷的措施。

（3）当变压器重过载，但负荷不平衡度、供电半径均在正常范围时，应采取分装变压器的措施。

（4）当供电半径过长，但负荷不平衡度、变压器负载率均在正常范围时，则需采取低压负荷切改或变压器分装的措施。

（5）当负荷不平衡度较高，且变压器重过载，但供电半径在正常范围时，应先采取分装变压器的措施，同时还需调整负荷使三相平衡。

（6）当负荷不平衡度较高，供电半径过长，但变压器负载率在正常范围时，应优先采取低压负荷切改的措施，并在切改前后调整负荷使三相负荷平衡。

（7）当变压器重过载，且供电半径过长，但负荷不平衡度在正常范围时，应采取分装变压器及低压负荷切改的措施（两线模式优先考虑分装单相变压器，四线模式分装三相变压器）。

（8）当负荷不平衡度较高，变压器重过载及供电半径过长时，应优先采取分装变压器及低压负荷切改的措施（两线模式优先考虑分装单相变压器，四线模式分装三相变压器），并同时调整负荷使三相平衡。

7 检修计划

7.1 配电网检修实行综合检修，统筹检修、业扩、基建等各类工作任务，以最优的检修周期、最佳的检修手段、最合理的检修时间，科学开展设备检修工作。

7.2 检修计划分为年度检修计划和月度检修计划。

（1）年度检修计划用于指导配电网年度检修工作，并作为年度停电检修计划的编制依据。各供电公司每年年底前下达下一年度停电检修实施计划。

（2）月度检修计划根据年度检修计划，并综合考虑政治供电、度夏工作等需要编制，月度检修计划应于前一月的下旬前发布。

7.3 检修计划编制应依据设备检修决策而制定，划分为编制、审核、批准三个阶段。

（1）编制阶段。各生产班组根据状态评价报告及设备检修周期要求，上报下一年度的检修需求。

（2）审核阶段。配电网检修计划形成后，报各供电公司运维检修部审批。

（3）批准阶段。各供电公司运维检修部组织相关部门和单位平衡协调后，形成本单位的年度和月度检修计划，经主管生产负责人批准后实施。

7.4 检修计划实施。

（1）配电运检单位应健全各级检修管理体系，在检修计划实施的过程中，严格执行现场标准化作业。

（2）配电运检单位应编制检修作业方案，明确检修内容、组织措施、安全措施、技术措施，并履行审批手续。

（3）现场作业完成后应严格执行相关验收制度，工作负责人应及时进行总结，对作业的安全和质量进行评价，对标准化作业指导书（卡）的应用情况做出评估。

（4）大型检修工作完毕，生产班组应及时开展总结、评价工作，供电公司运维检修部按月汇总分析。

7.5 临时停电消缺工作，各生产班组需向运维检修部、调度控制中心提出申请，经运维检修部确认停电工作必要性后，调度控制中心根据电网运行安全情况，批复停电安排。

8 架空线路检修

正常状态架空线路检修主要为 C 类检修；注意、异常、严重状态架空线路依据评价结果及现场情况可采用 B 类、C 类、D 类、E 类检修。架空线路按照杆塔及基础、导线、绝缘子、铁件和金具、拉线、通道、接地装置、附件等 8 类部件进行检修。架空线路 C 类检修宜每 5 年～10 年开展一次停电检修，其他类检修视设备情况不定期开展。

8.1 正常状态架空线路 C 类检修项目（见表 1）

表 1 正常状态架空线路 C 类检修项目、内容及技术要求

检修项目	检修内容	技 术 要 求	备注
导线	（1）检查导线。 （2）打开线夹检查导线。 （3）调整弧垂及电气距离符合安全要求	（1）导线完好，无破损、异物；绝缘导线绝缘层完好、无开裂、破损现象；绝缘罩完好无缺失。 （2）线夹内导线无闪络、放电、灼烧痕迹，铝包带完好，线夹连接紧固。 （3）调整弧垂时，应进行应力计算，并根据导地线型号、牵引张力正确选用工器具和设备。导地线弧垂调整后，应满足 DL/T 741—2010 要求。弧垂调整后直线间隙避雷器间隙距离应进行检查，并符合技术要求	
绝缘子	（1）检查绝缘子连接部位。 （2）检查绝缘子表面。 （3）清扫绝缘子	（1）绝缘子各连接金属销无脱落、锈蚀，钢帽、钢脚有无偏斜、裂纹、变形或锈蚀现象。 （2）绝缘子无闪络、裂纹、灼伤、破损等痕迹。 （3）绝缘子停电清扫应逐片进行，对有污秽严重的绝缘子应进行更换	
铁件、金具	（1）检查金具。 （2）检查各种金具开口销。 （3）检查横担、铁件	（1）金具应无变形、锈蚀、松动、开焊、裂纹，连接处应转动灵活；螺母等无缺失。 （2）各种金具的销子应齐全、完好。 （3）横担、铁件等无松动、锈蚀、扭曲变形、歪斜	
方型横担	（1）检查金具。 （2）检查焊接牢固。 （3）检查横担、铁件	（1）金具应无变形、锈蚀、松动，连接处应转动灵活；螺母等无缺失。 （2）焊接、焊点牢固、完好。 （3）横担、铁件等应无松动、锈蚀、扭曲变形、歪斜	
杆塔顶部	检查封堵	无脱落、无开裂、无异物	
附件	检查防雷金具、故障指示器等是否完好	防雷金具、故障指示器等附件完好，无破损	

8.2 注意、异常、严重状态架空线路缺陷处理

8.2.1 杆塔及基础（见表2）

表2 杆塔及基础缺陷处理

缺陷类别	状态	检修类别	处 理 方 式	技术要求	备注
埋深不足	注意 异常 严重	D类	（1）夯土回填：回填土每升高500mm，夯实1次，回填土高出地面300mm。 （2）基础加固： 1）装配式基础、洪水冲刷严重的基础需要加固（或防腐）时，应事先打好杆塔临时拉线。 2）修补、补强基础时，混凝土中严禁掺入氯盐，不同品种的水泥不应在同一个基础腿中同时使用	（1）单回路混凝土杆埋深：10m杆1.7m，12m杆1.9m，15m杆2.3m。 （2）双回路及其他电杆埋深应符合设计要求	
铁塔、混凝土杆倾斜变形	注意 异常 严重	D、B类	（1）电杆扶正： 1）倾斜电杆在扶正处理前必须打好临时拉线。 2）自立式电杆的倾斜扶正必须将根部开挖后方可处理。 3）倾斜扶正应采用紧线器具进行微调，严禁采用人（机械）拉大绳的方法。 （2）更换杆塔：按组立杆塔作业流程进行；更换耐张杆塔时应两侧加装临时拉线	（1）混凝土杆倾斜度（包括挠度）<2个电杆梢径，双杆迈步不应大于30mm。 （2）铁塔倾斜度<0.5%（适用于50m及以上高度铁塔）或<1.0%（适用于50m以下高度铁塔）。 （3）钢管杆挠度符合设计值	
混凝土杆表面老化、裂缝	注意 异常 严重	D、B类	（1）修补裂纹：应根据实际情况采取加装抱箍等补强、加固措施或更换处理。 （2）更换杆塔：按组立杆塔作业流程进行；更换耐张杆塔时应两侧加装临时拉线	（1）不应有纵向裂纹，横向裂纹的宽度不应超过0.2mm，长度不应超过周长的1/3。 （2）混凝土杆杆身弯曲不超过杆长的1/1000。 （3）钢管杆整根及各段的弯曲度不超过其长度的2/1000	
铁塔、钢管杆、混凝土杆接头锈蚀	注意 异常	D、B类	（1）杆塔防腐处理： 1）杆塔防腐通常采用涂刷防腐漆的办法，电杆钢圈接头的防腐也可采用环氧树脂、水泥包覆的方法处理。 2）采用涂刷防腐漆，应严格按照"除锈、底漆、面漆"的工艺程序。 （2）更换杆塔：按组立杆塔作业流程进行；更换耐张杆塔时应两侧加装临时拉线	塔材无锈蚀；塔材镀锌层无脱落、开裂；混凝土杆无裂纹、酥松、钢筋外露，焊接处无开裂、锈蚀	

表 2（续）

缺陷类别	状态	检修类别	处 理 方 式	技术要求	备注
紧固件及防盗装置异常	注意	D 类	更换紧固件及防盗装置： （1）更换、补加的杆塔部件不得低于设计值。 （2）螺栓紧固力矩应符合本规程附录 A。 （3）检修后杆塔的防盗、防松措施不得低于原标准	紧固件及防盗装置无异常	
杆塔基础异常（沉降）	注意	D 类	对发生沉降的基础进行混凝土补强或回填土夯实： （1）装配式基础、洪水冲刷严重的基础需要加固（或防腐）时，应事先打好杆塔临时拉线。 （2）修补、补强基础时，混凝土中严禁掺入氯盐，不同品种的水泥不应在同一个基础腿中同时使用	基础无异常	
杆塔基础异常（沉降）	异常	D 类	对发生沉降的基础进行混凝土补强或回填土夯实： （1）装配式基础、洪水冲刷严重的基础需要加固（或防腐）时，应事先打好杆塔临时拉线。 （2）修补、补强基础时，混凝土中严禁掺入氯盐，不同品种的水泥不应在同一个基础腿中同时使用	基础无异常	
杆塔基础异常（沉降）	严重	D 类	对发生沉降的基础进行混凝土补强或回填土夯实： （1）装配式基础、洪水冲刷严重的基础需要加固（或防腐）时，应事先打好杆塔临时拉线。 （2）修补、补强基础时，混凝土中严禁掺入氯盐，不同品种的水泥不应在同一个基础腿中同时使用	基础无异常	
弱电线路（通信、有线等）未经批准后搭挂	注意	D 类	拆除未经批准搭挂的弱电线路： （1）拆除时禁止带张力剪断弱电线路，以防止拆除线路反弹至电力线路或引起张力不平衡。 （2）必要时做临时拉线，防止出现张力不平衡	无未经批准搭挂的弱电线路	
弱电线路（通信、有线等）未经批准后搭挂	异常	D 类	拆除未经批准搭挂的弱电线路： （1）拆除时禁止带张力剪断弱电线路，以防止拆除线路反弹至电力线路或引起张力不平衡。 （2）必要时做临时拉线，防止出现张力不平衡	无未经批准搭挂的弱电线路	
弱电线路（通信、有线等）未经批准后搭挂	严重	D 类	拆除未经批准搭挂的弱电线路： （1）拆除时禁止带张力剪断弱电线路，以防止拆除线路反弹至电力线路或引起张力不平衡。 （2）必要时做临时拉线，防止出现张力不平衡	无未经批准搭挂的弱电线路	

8.2.2 导线（见表 3）

表 3 导 线 缺 陷 处 理

缺陷类别	状态	检修类别	处 理 方 式	技术要求	备注
接头温度异常	注意	E、C、B 类	（1）导线弓子线处的连接线夹，检查电气连接处的接触情况，保证导线接触紧密，连接可靠。 （2）更换线夹。 （3）更换为匹配的连接线夹。 （4）带电更换线夹： 1）作业前应断开负荷。 2）断、接引流线扎线时，注意扎线头不能太长（小于 0.1m），做到边拆边收扎线。 （5）检查接续线夹绝缘恢复情况，保证绝缘恢复良好	（1）相间温度差小于 10℃。 （2）接头温度小于 75℃	耐张线夹、C 型线夹、H 型线夹
接头温度异常	异常	E、C、B 类	（1）导线弓子线处的连接线夹，检查电气连接处的接触情况，保证导线接触紧密，连接可靠。 （2）更换线夹。 （3）更换为匹配的连接线夹。 （4）带电更换线夹： 1）作业前应断开负荷。 2）断、接引流线扎线时，注意扎线头不能太长（小于 0.1m），做到边拆边收扎线。 （5）检查接续线夹绝缘恢复情况，保证绝缘恢复良好	（1）相间温度差小于 10℃。 （2）接头温度小于 75℃	耐张线夹、C 型线夹、H 型线夹
接头温度异常	严重	E、C、B 类	（1）导线弓子线处的连接线夹，检查电气连接处的接触情况，保证导线接触紧密，连接可靠。 （2）更换线夹。 （3）更换为匹配的连接线夹。 （4）带电更换线夹： 1）作业前应断开负荷。 2）断、接引流线扎线时，注意扎线头不能太长（小于 0.1m），做到边拆边收扎线。 （5）检查接续线夹绝缘恢复情况，保证绝缘恢复良好	（1）相间温度差小于 10℃。 （2）接头温度小于 75℃	耐张线夹、C 型线夹、H 型线夹

表 3（续）

缺陷类别	状态	检修类别	处 理 方 式	技术要求	备注
导线受损	注意 异常 严重	E、B类	（1）压接或修补损伤导线： 1）导线打磨处理线伤：将损伤处棱角与毛刺用 0 号砂纸磨光。 2）单丝缠绕处理导地线损伤：将受伤处线股处理平整。导线缠绕材料应与被修理导线的材质相适应，缠绕紧密，并将受伤部分全部覆盖，距损伤部位边缘单边长度不得小于 50mm。 3）预绞丝处理导线损伤：将受伤处线股处理平整。预绞丝长度不得小于 3 个节距。补修预绞丝应与导线接触紧密，其中心应位于损伤最严重处，并应将损伤部位全部覆盖。 4）补修管修补导线损伤：将损伤处的线股恢复原绞制状态。补修管应完全覆盖损伤部位，其中心位于损伤最严重处，两端均应超出损伤部位边缘 20mm 以上。补修管可采用液压。 5）绝缘导线绝缘层轻微破损时采用绝缘自粘带或卷材进行缠绕（增加导线护管）；若绝缘导线有破损，但位置合理时，加装接地环后恢复绝缘。 （2）更换损伤导线（导线在同一处损伤符合下述情况之一时，必须切断重接）： 1）导线损伤的截面积超过采用补修管补修范围的规定时。 2）连续损伤的截面积没有超过补修管补修的规定，但其损伤长度已超过补修管的补修范围。 3）金钩、破股使钢芯或内层铝股形成无法修复的永久变形。 4）绝缘层破损长度超过规定数值	（1）电气性能：应满足被修补的原型号导线通流容量的要求，即导线修补处的温升不大于其余完好部位导线温升。 （2）机械特性：导线经修补后，其拉断力不应小于原型号导线计算拉断力（CUTS）的 95%	（1）包含导线断股、散股、绝缘破损。 （2）切割导线铝股时严禁伤及钢芯。导线的连接部分不得有线股绞制不良、断股、缺股等缺陷。 （3）连接后管口附近不得有明显的松股、抽筋现象。 （4）采用钳接或液压连接导线时，应使用导电脂
导线弧垂异常	注意 异常 严重	C类	停电调整架空导线的弧垂，可采用加装或调整导线弓子线、加挂 U 型环等方式。 （1）作业人员登上附近的耐张杆，挂好紧线器和滑轮。	三相弧垂检查，弧垂误差不超过设计值的±5%	进行导线更换或调整弧垂时，应进行应力计算，并根据导线

缺陷类别	状态	检修类别	处 理 方 式	技术要求	备注
导线弧垂异常	注意	C 类	（2）将卡线器夹在导线上，将牵引绳通过滑轮与卡线器连接，另一头固定在地锚上，以防导线脱落。 （3）用紧线器收紧（放松）导线，拆除耐张线夹卡线螺丝，使导线松动，用紧线器配合地面牵引绳，或松或紧，使导线弧垂达到规程要求	三相弧垂检查，弧垂误差不超过设计值的±5%	型号、牵引张力正确选用工器具和设备
	异常				
	严重				
导线上有异物	注意	E、C 类	（1）带电清理异物。 （2）停电清除异物	导线上无异物	
	异常				
	严重				
导线重载或过载	注意	B、E 类	（1）更换导线：更换截面积过小的导线，提高线路输送容量。 （2）切改负荷：合理切改负荷，减低线路负载率，带电可以配合断接引流线工作	导线负载不得超过额定负载率	
	异常				
	严重				
导线电气距离、交跨、安全距离不足	严重	E、C 类	（1）不停电作业：满足安全作业要求的，调整导线弓子线，提高电气距离。 （2）停电作业：调整导线弧垂或跳线，提高电气距离；消除安全距离不足的树木或其他构筑物。 （3）换杆或提升横担以提高导线架设高度。 （4）加装绝缘护管：对于不能采取调整弧垂、树木不能去除的导线段，加装导线绝缘护管	满足运维规程	
树线矛盾	严重	E、C 类	（1）不停电作业：超高、距离线路较近的树木，带电配合进行去树工作，不停电消除安全距离不足的树木或其他可以消除的构筑物。 （2）停电作业		

8.2.3 绝缘子（见表4）

表 4 绝 缘 子 缺 陷 处 理

缺陷类别	状态	检修类别	处 理 方 式	技术要求	
绝缘子污秽、闪络	注意	C、B 类	（1）清扫绝缘子：瓷质绝缘子停电擦拭应逐片进行，对污秽严重的绝缘子应进行更换。	（1）绝缘子外观清洁，无污秽、闪络现象。	
	异常				

缺陷类别	状态	检修类别	处 理 方 式	技术要求	备注
绝缘子污秽、闪络	严重	C、B类	（2）停电更换悬式绝缘子： 1）更换绝缘子片（串）前，应做好防止导线脱落的保护措施；使用紧线器收紧导线，使其受一定的张力，此时全面检查各连接部位的受力情况，防止出现受力不均衡情况。 2）继续收紧紧线器，使绝缘子松弛，将绝缘子串张力完全转移至紧线器上。 3）拆除绝缘子连接金具，更换绝缘子串，并重新安装绝缘子连接金具。 4）检查绝缘子安装位置，绝缘子串钢帽、绝缘体、钢脚应在同一轴线上，销子齐全完好、开口方向与原线路一致。 （3）停电更换直线杆绝缘子。 （4）不停电更换绝缘子：采用带电作业的方式更换绝缘子	（2）新更换的绝缘子应完好无损、表面清洁，瓷质绝缘子的绝缘电阻宜用 2500V绝缘电阻表进行测量，电阻值应大于 500MΩ	
绝缘子釉面脱漏（破损）	注意 异常 严重	E、B类	（1）停电更换绝缘子： 见"绝缘子污秽、闪络"处理方式。 （2）不停电更换绝缘子：采用带电作业的方式更换绝缘子	无裂缝，釉面剥落面积不应大于 100mm²	
绝缘子松动	注意 异常 严重	E、B类	（1）不停电紧固绝缘子：采用带电作业的方式紧固绝缘子底座螺栓或加装垫片。 （2）停电更换绝缘子：对绝缘子底部破损导致松动的绝缘子进行更换	绝缘子安装牢固、无歪斜	

8.2.4 铁件和金具（见表 5）

表 5　铁件和金具缺陷处理

缺陷类别	状态	检修类别	处 理 方 式	技术要求	备注
电气连接点温度异常	注意 异常 严重	E、C、B类	（1）消缺：检查电气连接处的接触情况，保证导线接触紧密，连接可靠。 （2）停电更换线夹：更换为匹配的连接线夹。 （3）带电更换线夹： 1）作业前应断开负荷。 2）断、接引流线扎线时，注意扎线头不能太长（小于 0.1m），做到边拆边收扎线	（1）相间温度差小于 10℃。 （2）接头温度小于 75℃	

表 5（续）

缺陷类别	状态	检修类别	处 理 方 式	技术要求	备注
铁件和金具锈蚀	注意 / 异常 / 严重	E、B 类	更换锈蚀严重的铁件、金具： （1）球头、碗头及弹簧销子更换后，应检查并确认其相互配合可靠、完好。 （2）各种金具的螺栓、穿钉及弹簧销子等穿向应符合规范要求	铁件和金具锈蚀时不应起皮和严重麻点，锈蚀面积不应超过 1/2	
铁件和金具电弧灼伤	严重	E、B 类	更换灼伤严重的铁件、金具： （1）球头、碗头及弹簧销子更换后，应检查并确认其相互配合可靠、完好。 （2）各种金具的螺栓、穿钉及弹簧销子等穿向应符合规范要求		
安装欠牢固、可靠	注意 / 异常 / 严重	E、C、B 类	（1）紧固螺栓：紧固螺栓或加装弹簧垫片。 （2）更换：依据实际情况，对安装松动严重的铁件、金具进行更换	铁件、金具等安装应牢固、可靠，无歪斜	
倾斜变形	注意 / 异常 / 严重	E、C、B 类	（1）不停电调整：对电缆抱箍、塔材等不需停电的直接紧固或调整。 （2）采用带电作业修正、紧固横担。 （3）停电更换：对变形严重的横担、线夹等采用停电更换	横担、塔材等上下倾斜、左右偏歪不应大于横担长度的 2%。无明显变形	

8.2.5 拉线（见表 6）

表 6 拉 线 缺 陷 处 理

缺陷类别	状态	检修类别	处 理 方 式	技术要求	备注
锈蚀、断股	异常 / 严重	E、B 类	（1）除锈：清除表面污秽，用砂纸除锈，涂刷防腐漆。 （2）不停电更换拉线，带电配合做好相关防护工作： 1）吊上临时拉线，杆上作业人员用 U 型环将其固定在需要更换的拉线上把附近牢固的构件处。 2）地面作业人员将链条葫芦（或双钩紧线器）挂在与待换拉线相连接的拉棒环上。 3）将临时拉线下端回头用钢线卡紧固后，挂上链条葫芦（或双钩紧线器），收紧临时拉线，把下端回头用钢线卡重新紧固。 4）地面作业人员用链条葫芦（或双钩紧线器）收紧需要更换的拉线，拆	（1）拉线无锈蚀。 （2）更换后拉线的机械强度不得低于原设计标准	（1）杆塔拉线更换时必须事先打好可靠临时拉线，严禁利用临时拉线、非标准拉线代替永久拉线。

表6（续）

缺陷类别	状态	检修类别	处 理 方 式	技术要求	备注
锈蚀、断股	严重	E、B类	开UT型线夹，然后由杆上作业人员拆开上把，吊下需要更换的拉线。 5）地面作业人员将做好的新拉线上把吊给杆上作业人员。 6）杆上作业人员挂好上把，地面作业人员用链条葫芦（或双钩紧线器）收紧新拉线，校杆后制作下把，帮扎拉线回头。 （3）停电更换拉线：作业方式与以上相同	（1）拉线无锈蚀。 （2）更换后拉线的机械强度不得低于原设计标准	（2）杆塔上有人工作时，严禁调整拉线
松弛或过紧	注意	D类	（1）调整拉线下把螺栓：直接调整拉线下把UT线夹螺栓。 （2）更换拉线下把： 1）用钢线卡紧固拉线后，挂上链条葫芦（或双钩紧线器），链条葫芦（或双钩紧线器）另一端与拉线棒连接。 2）用链条葫芦（或双钩紧线器）收紧需要更换的拉线，更换拉线下把	拉线弛度正常	
松弛或过紧	异常	D类		拉线弛度正常	
松弛或过紧	严重	D类		拉线弛度正常	
埋深不足	注意	D类	（1）采用回填土方式加固基础：采用夯土回填方式，回填土每升高500mm，夯实1次，回填土高出地面300mm。 （2）重新埋设拉线盘	符合设计要求	
埋深不足	异常	D类		符合设计要求	
埋深不足	严重	D类		符合设计要求	
道路边的拉线防护装置异常	注意	D类	不停电加装拉线防护装置	道路边的拉线防护装置齐全、无异常	
道路边的拉线防护装置异常	异常	D类			
道路边的拉线防护装置异常	严重	D类			
拉线绝缘子缺失或损坏	严重	B类	停电安装或更换拉线绝缘子	符合设计要求	

8.2.6 通道（见表7）

表7 通 道 缺 陷 处 理

缺陷类别	状态	检修类别	处 理 方 式	技术要求	备注
线路通道保护区（巡视通道）内有违章建筑、堆积物、对线路存在隐患的树木等	注意	E、B、D类	（1）满足安全作业要求的，可采用带电配合去除、修剪树、消除堆积物等。 （2）停电改造：对不满足安全作业要求的，可依据现场情况进行改造	线路通道保护区内无违章建筑、堆积物等	
线路通道保护区（巡视通道）内有违章建筑、堆积物、对线路存在隐患的树木等	异常	E、B、D类			
线路通道保护区（巡视通道）内有违章建筑、堆积物、对线路存在隐患的树木等	严重	E、B、D类			

8.2.7　接地装置（见表 8）

表 8　接 地 装 置 缺 陷 处 理

缺陷类别	状态	检修类别	处 理 方 式	技术要求	备注
接地体连接不良、埋深不足、接地引线丢失	注意 异常 严重	D 类	（1）修补接地体连接部位及接地引下线。 （2）增加接地埋深：开挖接地后重新敷设接地体	接地体连接正常，埋深满足设计要求	
接地电阻异常	异常	D、B 类	增加接地体埋设：敷设新的接地体应与原接地体连接	符合设计要求	

8.2.8　标识、附件（见表 9）

表 9　标识、附件缺陷处理

缺陷类别	状态	检修类别	处 理 方 式	技术要求	备注
设备标识和警示标识不全、模糊、错误	注意 异常 严重	D 类	不停电补装、更换：设备标识和警示标识应依据《配电网施工工艺及验收规范》的要求及规定位置挂设	设备标识和警示标识齐全、清晰、无误	
故障指示器安装不当或破损	注意 异常	D 类	不停电更换：对损坏的、破损失效的故障指示器应使用合格的操作杆进行更换	故障指示器正常	

9　柱上负荷开关（含柱上用户分界负荷开关）检修

正常状态柱上负荷开关检修主要为 C 类检修；注意、异常、严重状态柱上负荷开关依据评价结果及现场情况可采用 A 类、B 类、C 类、D 类、E 类检修。柱上负荷开关按照本体、导电连接点、接地及引下线、外观、控制辅助回路、分合闸指示等 6 类部件进行检修。柱上负荷开关开展 A 类检修宜采用轮换方式整体更换后维修开关缺陷，新投设备经试验合格后方可投入运行。柱上负荷开关 C 类检修应结合架空线路 C 类检修进行，其他类检修应依据评价结果随时开展。

9.1　正常状态柱上负荷开关 C 类检修项目（见表 10）

表 10　正常状态柱上负荷开关 C 类检修项目、内容及技术要求

检修项目	检 修 内 容	技 术 要 求	备注
套管（支持绝缘子）	（1）检查外观有无破损、污秽，套管外绝缘有无污秽及放电痕迹。 （2）擦拭套管（支持绝缘子）	（1）外观无异常，高压引线、接地线连接正常，支持绝缘子无破损、无异物。 （2）套管外绝缘无污秽及放电痕迹	包括开关及电压互感器等附件

检修项目	检 修 内 容	技 术 要 求	备注
开关本体	（1）检查外壳是否锈蚀、变形、破损。 （2）检查电气连接端子是否紧固，有无因电弧、机械负荷等作用出现的破损或烧损及热氧化现象。 （3）检查开关固定是否牢固，高压引线间距离是否满足要求。 （4）检查 SF_6 气体是否泄漏	（1）外壳无锈蚀、变形。 （2）电气连接处连接牢固、无过热及氧化现象。 （3）高压引线无破损、烧伤。 （4）开关固定牢固，无下倾，支架无歪斜、松动。线间和对地距离符合规定	
操作机构	（1）检查操作机构状态正常，合、分指示正确。 （2）检查操作是否卡涩，对操作机构机械轴承等部件进行润滑	（1）连续操作 3 次指示和实际一致。 （2）操作顺畅	
绝缘电阻试验	开关本体、内置隔离开关及套管绝缘电阻试验	20℃时绝缘电阻不低于 300MΩ	电气一次采用2500V 绝缘电阻表，电气二次采用500V 绝缘电阻表
	电压互感器绝缘电阻试验	20℃时电气一次绝缘电阻不低于1000MΩ，电气二次绝缘电阻不低于10MΩ	属于真空断路器

9.2 注意、异常、严重状态柱上负荷开关缺陷处理（见表 11）

表 11 注意、异常、严重状态柱上负荷开关缺陷处理

部件	缺陷类别	状态	检修类别	处理方式	技术要求	备注
套管	套管破损	异常	E、A类	更换开关本体		
		严重				
	套管外观严重污秽	注意	C 类	清扫：用干净的毛巾擦拭套管	套管无污秽	
		异常				
		严重				
开关本体	开关本体、套管绝缘电阻不合格	严重	A 类	更换开关本体	（1）20℃时绝缘电阻标准 300MΩ。 （2）绝缘电阻与历史数值相比不应有明显变化	
	开关本体导电连接点温度、相对温差异常	注意	E、C、A 类	（1）检修导电连接点：拆除导线连接点，清除污物，用砂纸打磨、清除锈蚀，涂抹电力复合脂，做好铜铝过渡措施。 （2）更换锈蚀、灼烧严重的导线连接点线夹	（1）相间温度差小于10℃。 （2）接头温度小于 75℃	
		异常				
		严重				

部件	缺陷类别	状态	检修类别	处理方式	技术要求	备注
开关本体	开关外壳严重锈蚀	严重	E、A类	（1）停电做防锈处理。 （2）更换开关本体	无锈蚀	
柱上负荷开关操作机构	柱上负荷开关操作机构连续操作3次指示和实际不一致	严重	A、E类	更换柱上负荷开关	柱上负荷开关操作机构连续操作3次指示和实际一致	
	柱上负荷开关操作机构操作卡涩	异常	A、E类	更换柱上负荷开关	柱上负荷开关操作机构操作无卡涩	
		严重				
接地体	接地体连接不良，埋深不足，接地引线丢失	注意	B、D类	（1）修补接地体连接部位及接地引下线。 （2）增加接地埋深：开挖接地后重新敷设接地体	接地体连接正常，埋深满足设计要求	接地引下线外观检查
		异常				
		严重				
	接地电阻异常	异常	B、D类	增加接地体埋设：敷设新的接地体与原接地体连接	接地电阻不大于10Ω	
设备标识和警示标识	设备标识和警示标识不全、模糊、错误	注意	D类	补装、更换	设备标识和警示标识齐全、清晰、无误	
		异常				
		严重				
电压互感器	电压互感器绝缘电阻异常	严重	A类	整体更换电压互感器	电压互感器绝缘电阻正常	
	电压互感器外观破损	异常	A类	整体更换电压互感器	电压互感器外观无破损	
		严重				

10　柱上重合器检修

正常状态柱上重合器检修主要为C类检修；注意、异常、严重状态柱上重合器依据评价结果及现场情况可采用A类、B类、C类、D类、E类检修。柱上重合器按照本体、导电连接点、接地及引下线、外观、控制辅助回路、分合闸指示等6类部件进行检修。柱上重合器开展A类、B类检修宜整体更换后维修开关缺陷后，并经试验合格后方可投入运行。

10.1 正常状态柱上重合器 C 类检修项目（见表 12）

表 12 正常状态柱上重合器 C 类检修项目、内容及技术要求

检修项目	检修内容	技术要求	备注
套管	（1）检查外观有无破损、污秽，套管外绝缘有无污秽及放电痕迹。 （2）擦拭套管	（1）外观无异常，高压引线、接地线连接正常，支柱绝缘子无破损、无异物。 （2）套管外绝缘无污秽及放电痕迹	
重合器本体	（1）检查外壳是否锈蚀、变形。 （2）检查电气连接端子是否紧固，有无因电弧、机械负荷等作用出现的破损或烧损及热氧化现象。 （3）检查动作次数。 （4）检查开关固定是否牢固，引流线间距离是否满足要求	（1）外壳无锈蚀、变形。 （2）电气连接处连接牢固、无过热及氧化现象。 （3）重合器动作次数记录满足厂家要求。 （4）重合器固定牢固、无下倾，支架无歪斜、松动。线间和对地距离符合规定	
电压互感器	检查外观是否锈蚀、变形	（1）外观无锈蚀、变形。 （2）连接端子是否紧固。 （3）绝缘护罩是否完整无损	
操作机构状态	（1）操作机构状态正常，合、分指示正确。 （2）操作是否卡涩，对操作机构机械轴承等部件进行润滑。 （3）检查外观是否锈蚀	（1）连续操作 3 次指示和实际一致。 （2）操作顺畅。 （3）外观无锈蚀	
绝缘电阻试验	重合器本体及套管绝缘电阻试验	20℃时绝缘电阻不低于 300MΩ	一次采用 2500V 绝缘电阻表，二次采用 500V 绝缘电阻表
	电压互感器绝缘电阻试验	20℃时电气一次绝缘电阻不低于 1000MΩ，电气二次绝缘电阻不低于 10MΩ	

10.2 注意、异常、严重状态柱上重合器缺陷处理（见表 13）

表 13 注意、异常、严重状态柱上重合器缺陷处理

部件	缺陷类别	状态	检修类别	处理方式	技术要求	备注
套管	套管破损	异常	A 类	整体更换	套管完整	
		严重				
	套管（支持绝缘子）外观严重污秽	注意	C 类	清扫：用干净的毛巾擦拭套管，用清洗剂擦拭污秽严重的套管（支持绝缘子）	套管无污秽	
		异常				
		严重				

部件	缺陷类别	状态	检修类别	处理方式	技术要求	备注
重合器本体	本体、隔离开关及套管绝缘电阻不合格	严重	A 类	整体更换	（1）20℃时绝缘电阻标准 300MΩ。 （2）绝缘电阻与历史数值相比不应有明显变化	
	本体导电连接点温度、相对温差异常	注意	E、A 类	（1）检修导电连接点：拆除导线连接点，清除污物，用砂纸打磨、清除锈蚀，涂抹电力复合脂，重新安装螺栓，必要时增加连接孔数量。 （2）更换锈蚀、灼烧严重的导线连接点螺栓、线夹等	（1）相间温度差小于 10℃。 （2）接头温度小于 75℃	
		异常				
		严重				
	本体累计开断次数达允许值	严重	C、A 类	（1）停电检查、试验，合格后重新使用。 （2）更换重合器本体	累计开断次数应满足厂家设计值要求，试验应满足 Q/GDW 643 要求	
	重合器外壳严重锈蚀	严重	A 类	（1）停电做防锈处理。 （2）更换重合器本体	无锈蚀	
重合器操作机构	柱上重合器操作机构连续操作 3 次指示和实际不一致	严重	C、B、A 类	（1）停电检修操作机构。 （2）停电更换操作机构部件。 （3）更换柱上重合器	柱上重合器关操作机构连续操作 3 次指示和实际一致	
	柱上重合器操作机构操作卡涩	异常	C、B、A 类	（1）维修柱上重合器操作机构，转轴添加润滑油。 （2）更换柱上重合器操作机构部件。 （3）更换柱上重合器	柱上重合器操作机构操作无卡涩	
		严重				
	柱上重合器操作机构严重锈蚀	严重	B、A 类	（1）停电更换锈蚀严重部件。 （2）停电更换锈蚀严重操作机构	柱上重合器操作机构无锈蚀	
接地体	接地体连接不良，埋深不足	注意	D 类	（1）修补接地体连接部位及接地引下线。 （2）增加接地埋深：开挖接地后重新敷设接地体	接地体连接正常，埋深满足设计要求	接地引下线外观检查
		异常				
		严重				
	接地电阻异常	异常	D 类	增加接地体埋设：敷设新的接地体应与原接地体连接	接地电阻不大于 10Ω	

表 13（续）

部件	缺陷类别	状态	检修类别	处理方式	技术要求	备注
设备标识和警示标识	设备标识和警示标识不全、模糊、错误	注意 异常 严重	D 类	更换	设备标识和警示标识齐全、清晰、无误	
电压互感器	电压互感器绝缘电阻异常	严重	A 类	整体更换电压互感器	电压互感器绝缘电阻正常	
	电压互感器外观破损	异常 严重	A 类	整体更换电压互感器	电压互感器外观无破损	
控制箱	控制箱外观损坏	严重	A 类	整体更换控制箱	控制箱外观无破损	
	控制线及定值	异常 严重	A 类	（1）更换控制线。 （2）重新整定定值	（1）控制线完好。 （2）定值正确	

11 柱上隔离开关检修

柱上隔离开关原则上全部取消，对于现有柱上隔离开关如需检修，可按以下原则进行：正常状态柱上隔离开关检修主要为 C 类检修；注意、异常、严重状态柱上隔离开关依据评价结果及现场情况可采用 A 类、B 类、C 类、D 类、E 类检修。柱上隔离开关按照本体、导电连接点、接地及引下线、外观等 5 类部件进行检修。柱上隔离开关 C 类检修应结合架空线路 C 类检修进行，其他类检修应依据评价结果随时开展。

11.1 正常状态柱上隔离开关 C 类检修项目（见表 14）

表 14　正常状态柱上隔离开关 C 类检修项目、内容及技术要求

检修项目	检修内容	技术要求	备注
支持绝缘子	检查外观有无破损、污秽、放电痕迹	支持绝缘子无破损、无异物，无污秽及放电痕迹	
隔离开关	（1）检查电气连接处是否紧固、有无过热氧化现象。 （2）检查操作是否卡涩。 （3）检查外观是否破损、污秽、锈蚀、触头等主要部件有无因电弧、机械负荷等作用出现的破损或烧损	（1）电气连接处连接牢固、无过热及氧化现象。 （2）连续操作 3 次顺畅，闭合到位。 （3）外观无破损、污秽、锈蚀现象，触头等主要部件没有因电弧、机械负荷等作用出现的破损或烧损	
标识	标识是否齐全、正确	设备标识和警示标识齐全、清晰、准确	

11.2 注意、异常、严重状态柱上隔离开关缺陷处理（见表15）

表15 注意、异常、严重状态柱上隔离开关缺陷处理

部件	缺陷类别	状态	检修类别	处理方式	技术要求	备注
支持绝缘子	支持绝缘子破损	异常	A类	更换隔离开关	支持绝缘子外观无破损	
		严重				
	支持绝缘子外观严重污秽	注意	C类	清扫：用干净的毛巾擦拭污秽严重的支持绝缘子	支持绝缘子外观无污秽	
		异常				
		严重				
隔离开关本体	隔离开关导电连接点温度、相对温差异常	注意	E、C、B类	（1）检修导电连接点：拆除导线连接点，清除污物，用砂纸打磨除锈，涂抹导电膏，重新安装螺栓，必要时增加连接孔数量。隔离开关动静触头宜涂抹导电膏，极寒地区应考虑温度影响。（2）更换锈蚀、灼烧严重的导线连接点螺栓、线夹等	（1）相间温度差小于10℃。（2）接头温度小于75℃	
		异常				
		严重				
	隔离开关本体严重锈蚀	严重	A类	更换隔离开关	隔离开关本体无锈蚀	
标识	设备标识和警示标识不全、模糊、错误	注意	D类	补装、更换	设备标识和警示标识齐全、清晰、无误	
		异常				
		严重				

12 户外封闭型喷射式熔断器检修

正常状态户外封闭型喷射式熔断器检修主要为 C 类检修；注意、异常、严重状态户外封闭型喷射式熔断器依据评价结果及现场情况可采用 A 类、B 类、C 类、E 类检修。户外封闭型喷射式熔断器按照本体、导电连接点、操作性能等外观等部件进行检修。户外封闭型喷射式熔断器 C 类检修应结合架空线路 C 类检修进行，其他类检修应依据评价结果随时开展。

12.1 正常状态户外封闭型喷射式熔断器 C 类检修项目（见表16）

表16 正常状态户外封闭型喷射式熔断器 C 类检修项目、内容及技术要求

检修项目	检修内容	技术要求	备注
外观	（1）检查外观有无影响安全运行的异物；高压引线是否正常，线间和对地距	（1）外观无异常，高压引线正常，支柱绝缘子无破损、无异物。	

检修项目	检 修 内 容	技 术 要 求	备注
外观	离符合规定。 （2）检查有无污秽及放电痕迹。 （3）检查支架有无歪斜、松动；紧固螺栓、螺母，更换磨损或腐蚀部件	（2）无污秽及放电痕迹。 （3）支架无歪斜、松动；螺栓、螺母无松动，部件无磨损或腐蚀	
本体	（1）检查触头等电气连接处是否紧固，有无因电弧、机械负荷等作用出现的破损或烧损及热氧化现象。 （2）检查熔丝管有无灼烧、涨鼓现象。 （3）检查梅花瓣式密封盖是否良好	（1）触头等电气连接处紧固、无放电及氧化现象。 （2）熔丝管无灼烧、涨鼓现象	
操作性能	（1）连续操作 2 次闭合是否到位。 （2）检查是否锈蚀	（1）操作正常，闭合到位。 （2）操作顺畅、无异常声音。 （3）无锈蚀	

12.2 注意、异常、严重状态户外封闭型喷射式熔断器缺陷处理（见表 17）

表 17 注意、异常、严重状态户外封闭型喷射式熔断器缺陷处理

缺陷类别	状态	检修类别	处理方式	技术要求	备注
外观破损、变形	注意	B、A类	（1）更换破损、变形的户外封闭型喷射式熔断器。 （2）更换破损或变形的熔丝管	外观无破损、变形	
	异常				
	严重				
外观严重污秽	注意	E、C、A类	清扫：用干净的毛巾擦拭套管污秽严重的户外封闭型喷射式熔断器	无污秽	
	异常				
	严重				
操作卡涩、稳定性差、接触不到位	注意	E、C、A类	（1）更换内部烧损严重的户外封闭型喷射式熔断器。 （2）不停电更换卡涩严重的户外封闭型喷射式熔断器。 （3）停电检查底座固定螺栓，紧固底座固定螺栓	多次连续操作无卡涩、闭合到位	
	异常				
	严重				
导电连接点温度、相对温差异常	注意	E、C、A类	（1）检修导电连接点：拆除导线连接点，清除污物，用砂纸打磨除锈，涂抹电力复合脂，重新安装线夹。 （2）更换锈蚀、灼烧严重的导线连接点线夹等	（1）相间温度差小于10℃。 （2）接头温度小于 75℃	
	异常				
	严重				

13 跌落式熔断器检修

正常状态跌落式熔断器检修主要为 C 类检修；注意、异常、严重状态跌落式熔断器依据评价结果及现场情况可采用 A 类、B 类、C 类、E 类检修。跌落式熔断器按照本体、导电连接点、接地及引下线、外观等 4 类部件进行检修。跌落式熔断器 C 类检修应结合架空线路 C 类检修进行，其他类检修应依据评价结果随时开展。

13.1 正常状态跌落式熔断器 C 类检修项目（见表 18）

表 18 正常状态跌落式熔断器 C 类检修项目、内容及技术要求

检修项目	检修内容	技术要求	备注
外观	（1）检查外观有无影响安全运行的异物；高压引线是否正常，线间和对地距离符合规定；支柱绝缘子有无破损、裂纹。 （2）检查有无污秽及放电痕迹。 （3）检查支架有无歪斜、松动；紧固螺栓、螺母，更换磨损或腐蚀部件	（1）外观无异常，高压引线正常，支柱绝缘子无破损、无异物。 （2）无污秽及放电痕迹。 （3）支架无歪斜、松动；螺栓、螺母无松动，部件无磨损或腐蚀	
本体	（1）检查触头等电气连接处是否紧固，有无因电弧、机械负荷等作用出现的破损或烧损及热氧化现象。 （2）检查熔丝管有无灼烧、涨鼓现象。 （3）检查灭弧罩有无破损	（1）触头等电气连接处紧固、无放电及氧化现象。 （2）熔丝管无灼烧、涨鼓现象。 （3）灭弧罩完好无破损	
操作性能	（1）连续操作 2 次闭合是否到位。 （2）检查操作是否卡涩，有无异常声音，并对操作机构机械轴承等部件进行润滑。 （3）检查是否锈蚀	（1）操作机构状态正常，闭合到位。 （2）操作顺畅、无异常声音。 （3）无锈蚀	

13.2 注意、异常、严重状态跌落式熔断器缺陷处理（见表 19）

表 19 注意、异常、严重状态跌落式熔断器缺陷处理

缺陷类别	状态	检修类别	处理方式	技术要求	备注
外观破损、变形，上下触头灼伤	注意 异常 严重	B、A 类	（1）更换破损、变形的跌落式熔断器。 （2）更换破损或变形的熔丝管、灭弧罩	外观无破损、变形	
外观严重污秽	注意 异常 严重	E、C、A 类	（1）清扫：用干净的毛巾擦拭套管污秽严重的跌落式熔断器。 （2）更换：对污秽严重的跌落式熔断器进行更换	无污秽	

表 19（续）

缺陷类别	状态	检修类别	处理方式	技术要求	备注
操作卡涩、稳定性差、闭合不到位	注意	E、C、A 类	（1）不停电更换卡涩严重的跌落式熔断器。 （2）停电检查接触片、转轴、底座固定螺栓；对接触片、转轴除锈并添加润滑油，紧固底座固定螺栓。 （3）停电更换卡涩严重的跌落式熔断器	多次连续操作无卡涩、闭合到位	
	异常				
	严重				
导电连接点温度、相对温差异常	注意	E、C、A 类	（1）检修导电连接点：拆除导线连接点，清除污物，用砂纸打磨除锈，涂抹电力复合脂，重新安装螺栓，必要时增加连接孔数量。 （2）更换锈蚀、灼烧严重的导线连接点螺栓、线夹等	（1）相间温度差小于10℃。 （2）接头温度小于75℃	
	异常				
	严重				
保险器护罩烧毁	异常	D、E 类	（1）拆除保险器护罩。 （2）树线矛盾集中的地方更换保险罩		
本体严重锈蚀	严重	A 类	整体更换	本体无锈蚀	
熔丝管涨鼓、过热	异常	B 类	更换熔断器熔管及熔丝	熔丝管无涨鼓、过热现象	
	严重				

14 避雷器检修

正常状态避雷器检修主要为 C 类检修；注意、异常、严重状态避雷器依据评价结果及现场情况可采用 A 类、C 类、D 类、E 类检修。避雷器按照本体、导电连接点等两类部件进行检修。避雷器开展 A 类检修后必须重新试验合格后方可投入运行。避雷器 C 类检修应结合架空线路 C 类检修进行，其他类检修应依据评价结果随时开展。

14.1 正常状态避雷器 C 类检修项目（见表 20）

表 20 正常状态避雷器 C 类检修项目、内容及技术要求

检修项目	检 修 内 容	技 术 要 求	备注
外观	（1）检查外观有无异物、破损、变色、放电痕迹。 （2）清扫、紧固线夹。 （3）调整支架，紧固螺栓、螺母，更换磨损或腐蚀部件	（1）外表面无影响安全运行的异物，无污秽、破损、变形、裂纹和电蚀痕迹。 （2）表面清洁、高压引线连接正常。 （3）脱扣器无掉落	

表 20（续）

检修项目	检 修 内 容	技 术 要 求	备注
绝缘电阻试验	20℃时绝缘电阻不低于 1000MΩ	采用 2500V 绝缘电阻表	

14.2 注意、异常、严重状态避雷器缺陷处理（见表 21）

表 21 注意、异常、严重状态避雷器缺陷处理

缺陷类别	状态	检修类别	处理方式	技术要求	备注
外观破损、变色、放电	注意	E、C、A 类	（1）修补避雷器接线等。（2）整体更换破损的避雷器。（3）带电更换氧化锌避雷器	外观无破损、变色、放电	
	异常				
	严重				
外观污秽老化	注意	E、A 类	（1）带电更换氧化锌避雷器。（2）更换外护套绝缘老化的避雷器	无污秽	
	异常				
	严重				
接地体连接不良，埋深不足	注意	D 类	（1）修补接地体连接部位及接地引下线。（2）增加接地埋深：开挖接地后重新敷设接地体	接地体连接正常，埋深满足设计要求	
	异常				
	严重				
接地电阻异常	异常	D 类	增加接地体埋设：敷设新的接地体应与原接地体连接	线路避雷器接地电阻不大于 10Ω	
间隙避雷器间隙距离	异常	C 类	停电调整间隙避雷器间隙	满足间隙避雷器相关技术规范	

15 配电变压器检修

配电变压器按照本体、导电连接点、接地及引下线、外观、控制辅助回路等 5 类部件进行检修。正常状态配电变压器检修主要为 C 类检修；注意、异常、严重状态配电变压器依据评价结果及现场情况可采用 A 类、B 类、C 类、D 类、E 类检修。配电变压器开展 A 类检修宜采用整体更换后返厂维修，经试验合格后方可投入运行。

15.1 正常状态配电变压器 C 类检修项目（见表 22）

表 22 正常状态配电变压器 C 类检修项目、内容及技术要求

检修项目	检 修 内 容	技 术 要 求	备注
外观	（1）检查外观、油位、呼吸器、对地距离、测温装置、风机运转是否正常。（2）擦拭配电变压器外壳、泄油阀。（3）用干净的毛巾擦拭污秽严重套管	外观无异常，油位正常，无渗漏油，呼吸器畅通，对地距离合格，测温装置正常，风机运转正常，套管外观无破损	

表 22（续）

检修项目	检 修 内 容	技 术 要 求	备注
呼吸器干燥剂（硅胶）检查	对变色的硅胶进行更换	硅胶无变色情况	
冷却系统检查	检查温控装置、风扇运行、出风口（干、油）和散热器运行情况	温控装置、冷却系统的风扇运行正常，出风口和散热器无异物附着或严重积污	
声响及振动	检查变压器声音有无异常	无异常	
试验	绕组及套管绝缘电阻测试	初值差不小于－30%，即不应低于出厂值70%	采用2500V绝缘电阻表测量
	绕组直流电阻测试	（1）1.6MVA以上变压器，各相绕组电阻相互间的差别不应大于三相平均值的2%，无中性点引出的绕组，线间差别不应大于三相平均值的1%。（2）1.6MVA及以下的变压器，相间差别一般不大于三相平均值4%，线间差别一般不大于三相平均值的2%	
	非电量保护装置绝缘电阻测试	绝缘电阻不低于1MΩ	采用2500V绝缘电阻表测量
	绝缘油耐压测试	不小于25kV	不含全密封变压器
	绕组各分接位置电压比	初值差不超过±0.5%（额定分接位置）、±1.0%（其他分接位置）（警示值）	
	空载电流及损耗测量	（1）与上次测量结果比，不应有明显差异。（2）单相变压器相间或三相变压器两个边相空载电流差异不超过10%	（1）试验电压值应尽可能接近额定电压。（2）试验的电压和接线应与上次试验保持一致。（3）空载损耗无明显变化
	交流耐压试验	油浸式变压器采用30kV进行试验，干式变压器按出厂试验值的85%	按DL/T 596—1966相关条款执行

15.2 注意、异常、严重状态配电变压器缺陷处理（见表23）

表23 注意、异常、严重状态配电变压器缺陷处理

部件	缺陷类别	状态	检修类别	处理方式	技术要求	备注
绕组、套管及接线端子	绕组及套管绝缘电阻不合格	异常	A类	整体更换	初值差不小于－30%，即不应低于出厂值70%	

部件	缺陷类别	状态	检修类别	处理方式	技术要求	备注
绕组、套管及接线端子	绕组直流电阻超限	严重	A	整体更换	（1）1.6MVA 以上变压器，各相绕组电阻相互间的差别不应大于三相平均值的 2%，无中性点引出的绕组，线间差别不应大于三相平均值的1%。（2）1.6MVA 及以下的变压器，相间差别一般不大于三相平均值 4%，线间差别一般不大于三相平均值的2%	
	高低压连接端子、套管接头温度过高、温升异常	注意	E、C、B 类	（1）检修导电连接点：拆除导线连接点，清除污物，用砂纸打磨除锈，涂抹导电膏，重新安装螺栓，必要时加连接孔数量。（2）更换锈蚀、灼烧严重的导线连接点螺栓、线夹等	（1）相对温差小于10℃。（2）接头温度小于75℃	
		异常				
		严重				
	套管外观污秽	注意	C 类	清扫：用干净的毛巾擦拭污秽严重套管	套管外观无污秽	
		异常				
		严重				
	套管外观破损	异常	A 类	更换变压器	套管外观无破损	
		严重				
本体	干式变压器温度超厂家规定值	异常	D、C、A 类	（1）检修或更换独立式温控器，或停电检修感温头。（2）检查冷却系统。（3）停电更换变压器	干式变压器自身温度不超厂家规定值	
		严重				
	分接开关操作异常	严重	A 类	整体更换变压器	分接开关正常	
	配电变压器台架对地距离不足	严重	C 类	对变压器台架进行改造或安装防护栏	满足《配电网施工工艺及验收规范》要求	
冷却系统	冷却系统风机振动异常	异常	C、B 类	更换或维修冷却系统风机	风机运行正常	适用于干式变压器
	冷却系统温控装置异常	异常	C、B 类	更换或维修温控装置	冷却系统温控装置正常	

表 23（续）

部件	缺陷类别	状态	检修类别	处理方式	技术要求	备注
油箱	变压器渗漏油	异常	B、A类	（1）更换密封件。（2）更换变压器	油箱整体密封件性能完好	
		严重				
	油箱油位异常	异常	C、A类	（1）停电补油。（2）更换变压器	油位正常	
		严重				
	绝缘油耐压试验不合格	严重	B	停电换油	不小于25kV	不含全密封变压器
	呼吸器硅胶颜色变色	注意	B、A类	（1）更换老化硅胶。（2）更换变压器	呼吸器硅胶颜色正常	
	油温度超标	异常	C、B、A类	（1）检查负载率，负载率超标依据"变压器重载或过载"处理方式。（2）检查冷却系统是否正常。（3）更换变压器	油箱油温度正常，自冷配电变压器上层油温不宜经常超过85℃，最高油温不得超过95℃，制造厂有规定的可参照制造厂规定执行	
		严重				
非电量保护装置	非电量保护装置绝缘不合格	异常	B类	更换非电量保护装置	非电量保护装置绝缘合格，绝缘电阻不低于1MΩ	
接地	接地体连接不良，埋深不足	注意	D类	（1）修补接地体连接部位及接地引下线。（2）增加接地埋深：开挖接地后重新敷设接地体	接地体连接正常，埋深满足设计要求	接地引下线外观检查
		异常				
		严重				
	接地电阻异常	异常	D类	增加接地体埋设：敷设新的接地体应与原接地体连接	（1）柱上变压器：100kVA以下接地电阻不大于10Ω，100kVA及以上接地电阻不大于4Ω。（2）站室变压器：独立的接地电阻不大于4Ω，与建筑物工体的接地电阻不大于0.5Ω	
标识	设备标识和警示标识不全、模糊、错误	注意	D类	补装、更换	设备标识和警示标识齐全、清晰、无误	
		异常				
		严重				

16 开关柜检修

开关柜按照本体、附件、操作机构、接地、继电保护装置、标识等6类部件进行检修。正常状态开关柜检修主要为C类检修；注意、异常、严重状态开关柜依据评价结果及现场情况可采用 A 类、B 类、C 类、D 类检修。新投开关柜应经试验合格后方可投入运行。

16.1 正常状态开关柜 C 类检修项目（见表 24）

表 24 正常状态开关柜 C 类检修项目、内容及技术要求

检修项目	检 修 内 容	技 术 要 求	备注
外观检查	（1）检查外观有无异常、绝缘子擦拭。 （2）检查有无放电声音。 （3）检查标示牌和设备命名是否正确。 （4）试验带电显示器。 （5）检查照明。 （6）检查凝露状况。 （7）检查电缆封堵情况	（1）外观无异常，绝缘件表面完好。 （2）无异常放电声音。 （3）标示牌和设备命名正确。 （4）带电显示器显示正常。 （5）照明正常。 （6）无凝露状况。 （7）电缆封堵良好	
气体压力表值	检查 SF_6 气体压力表	气体压力表指示正常	
操作机构检查	连续操作 2 次，检查操作机构合、分指示是否正确	操作机构合、分指示正确	
仪表检查	检查仪表显示是否正常	显示正常	
构架、基础	检查有无裂缝、渗漏水	正常，无裂缝	
试验	开关本体、避雷器、TV、TA、母线绝缘电阻测量	（1）20℃时开关本体绝缘电阻不低于 300MΩ。 （2）20℃时金属氧化物避雷器、TV、TA、母线电气一次绝缘电阻不低 1000MΩ，电气二次绝缘电阻不低 10MΩ	（1）电气一次采用 2500V 绝缘电阻表，电气二次采用 500V 绝缘电阻表。 （2）封闭母线不进行例行试验
	主回路（导电回路）直流电阻测量（检查动、静触头之间的接触电阻和连接电阻的变化，判断是否接触良好）	≤制造厂规定值 1.5 倍（注意值）	测量电流≥100A
	交流耐压试验	（1）断路器试验电压按 DL/T 593 规定执行。 （2）TA、TV（全绝缘）电气一次绕组试验电压值按出厂值的 85%，出厂值不明的按 30kV 进行试验。 （3）母线交流耐压试验电压为 42kV（参考绝缘子试验电压）。 （4）当断路器、TA、母线一起耐压试验时按最低试验电压	试验电压施加方式：合闸时各相对地及相间；分闸时各断口
	控制、测量等二次回路绝缘电阻	绝缘电阻一般不低于 2MΩ	采用 500V 绝缘电阻表
	金属氧化物避雷器泄漏电流试验	（1）U_{1mA} 初值差不超 5%（注意值），U_{1mA} 不低于 GB 11032 规定值。 （2）$0.75U_{1mA}$ 泄漏电流初值差≤30% 或 $0.75U_{1mA}$ 泄漏电流≤50μA（注意值）	直流参考电压（U_{1mA}）及在 $0.75U_{1mA}$ 下进行泄漏电流测量

表 24（续）

检修项目	检修内容	技术要求	备注
动作特性及操作机构	动作特性及操作机构检查和测试	（1）合闸在额定电压的 85%～110% 范围内应可靠动作，分闸在额定电压的 65%～110%（直流）范围内应可靠动作，当低于额定电压的 30%时，脱扣器不应脱扣。 （2）储能电动机工作电流及储能时间检测，检测结果应符合设备技术文件要求。电动机应能在 85%～110%的额定电压下可靠工作。 （3）开关分合闸时间、速度、同期、弹跳符合设备技术文件要求	采用一次加压法
防跳、五防装置检查	防跳、五防装置连续操作 3 次	符合设备技术文件和五防要求	

16.2 注意、异常、严重状态开关柜缺陷处理（见表 25）

表 25 注意、异常、严重状态开关柜缺陷处理

部件	缺陷类别	状态	检修类别	处理方式	技术要求	备注
本体	开关本体、隔离开关及套管、母线绝缘电阻不合格	严重	A、B 类	（1）停电更换绝缘电阻不合格的开关本体、隔离开关及套管。 （2）停电更换绝缘电阻不合格的支柱绝缘子等部件。 （3）通风除湿，加热去潮，检查母线支持绝缘子污秽情况	（1）20℃时开关本体绝缘电阻不低于 300MΩ。 （2）20℃时金属氧化物避雷器、TV、TA、母线电气一次绝缘电阻不低于 1000MΩ，电气二次绝缘电阻不低于 10MΩ	
	开关柜本体主回路直流电阻值不合格	严重	A、B 类	（1）停电更换开关柜主回路电阻值不合格部件。 （2）停电更换关本体	≤制造厂规定值 1.5 倍（注意值）	
	导电连接点温度、相对温差异常	异常	C、B、A 类	（1）停电检修电缆头与母排、母排与母排等连接点。 （2）停电更换开关柜	（1）相对温差小于 10℃。 （2）接头温度小于 75℃	
		严重				
	开关柜有异常放电声音	异常	A、B 类	（1）停电检修或更换放电部件。 （2）停电更换放电的开关柜	开关柜无异常放电声	
		严重				
	SF₆ 断路器气体压力异常	注意	A、B、D 类	（1）修复显示异常的压力表。 （2）充 SF₆ 气体。 （3）开关整体更换	SF₆ 断路器气体压力正常	
		严重				

表 25（续）

部件	缺陷类别	状态	检修类别	处理方式	技术要求	备注
操作机构	操作机构控制回路绝缘电阻不合格	严重	B、A类	（1）更换开关柜操作机构。 （2）更换开关	绝缘电阻一般不低于2MΩ	
	操作机构分合闸操作动作异常	异常	C、B、A类	（1）维修或更换开关柜操作机构问题部件。 （2）更换开关	操作机构分合闸操作动作正常	
		严重				
	操作机构防跳功能异常	注意	C、B、A类	（1）检修或更换开关柜操作机构联跳装置问题部件。 （2）更换开关	连续操作2次，检查操作机构合、分指示正确	
		异常				
		严重				
	操作机构五防功能异常	注意	C、B、A类	（1）检修或更换五防功能装置问题部件。 （2）更换开关	操作机构五防功能正常，符合设备技术文件和五防要求	
		异常				
		严重				
	操作机构分合闸指示、投切异常	注意	C、B、A类	（1）检修或更换开关柜操作机构分合闸装置问题部件。 （2）更换开关	操作机构分合闸指示正常	
		严重				
辅助部件	TA、TV及避雷器绝缘电阻不合格	严重	A类	停电更换绝缘电阻不合格TA、TV及避雷器等附件	TA、TV及避雷器绝缘电阻合格	
	附件污秽	注意	C类	清扫：用干净的毛巾擦拭污秽严重套管的附件	附件无污秽、无破损及放电现象	
		异常				
		严重				
	绝缘件破损	异常	B类	停电更换绝缘破损件	绝缘件无破损	
		严重				
	附件凝露	注意	C、B、A类	（1）停电、通风除湿、清扫、检查入水汽点。 （2）停电检修凝露部件或加热器。 （3）更换凝露严重的部件。 （4）封堵孔洞	无凝露现象	
		异常				
		严重				
	带电显示器异常	注意	D、C、B类	（1）不停电更换模块化带电显示器。 （2）停电检修带电显示器接线等部件。 （3）停电整体更换带电显示器	带电显示器试验正常	

表 25（续）

部件	缺陷类别	状态	检修类别	处理方式	技术要求	备注
辅助部件	仪表指示异常	注意	D、C、B 类	（1）不停电更换模块化破损仪表。 （2）停电检修或更换仪表接线	仪表指示正常	
继电保护装置	继电保护装置异常	注意	D、C、B、A 类	（1）不停电修理问题电源模块。 （2）停电更换保护装置问题部件。 （3）更换一体式继电保护装置或配电网自动化模块。 （4）停电检修问题二次回路	保护装置校验正常	
继电保护装置	继电保护装置异常	异常	D、C、B、A 类		保护装置校验正常	
继电保护装置	继电保护装置异常	严重	D、C、B、A 类		保护装置校验正常	
接地	接地体连接不良	注意	D 类	（1）修补接地体连接部位及接地引下线。 （2）增加接地埋深：开挖接地后重新敷设接地体	接地体连接正常，埋深满足设计要求	
接地	接地体连接不良	异常	D 类			
接地	接地体连接不良	严重	D 类			
接地	接地电阻异常	异常	D 类	增加接地体埋深：敷设新的接地体应与原接地体连接	独立的接地电阻不大于 4Ω，与建筑物工体的接地电阻不大于 0.5Ω	
标识	设备标识和警示标识不全、模糊、错误	注意	D 类	补装、更换	设备标识和警示标识齐全、清楚、整洁	
标识	设备标识和警示标识不全、模糊、错误	异常	D 类			

17 负荷开关柜（含用户分界负荷开关柜）检修

负荷开关柜按照本体、操作机构、附件、接地、自动化装置和标识等 6 类部件进行检修。正常状态负荷开关柜检修主要为 C 类检修；注意、异常、严重状态负荷开关柜依据评价结果及现场情况可采用 A 类、B 类、C 类、D 类检修。新投负荷开关柜应经试验合格后方可投入运行。

17.1 正常状态负荷开关柜 C 类检修项目（见表 26）

表 26　正常状态负荷开关柜 C 类检修项目、内容及技术要求

检修项目	检修内容	技术要求	备注
外观检查	（1）检查外观有无损坏、锈蚀，对绝缘子进行擦拭。 （2）检查有无放电声音。 （3）检查标示牌和设备命名是否正确。	（1）外观无异常，绝缘件表面完好。 （2）无异常放电声音。 （3）标示牌和设备命名正确。 （4）带电显示器显示正常。 （5）照明正常。	

表 26（续）

检修项目	检 修 内 容	技 术 要 求	备注
外观检查	（4）试验带电显示器。 （5）检查照明。 （6）检查凝露状况。 （7）检查电缆封堵情况	（6）无凝露状况。 （7）电缆封堵良好	
气体压力表值	检查SF$_6$气体压力表	气体压力表指示正常	
（电动）操作机构状态检查	（1）连续操作2次，检查（电动）操作机构合、分指示是否正确。 （2）检查（电动）操作机构状态是否潮湿、有凝露，进行通风、除湿处理	（1）（电动）操作机构合、分指示正确。 （2）（电动）操作机构无潮湿、凝露，保持干燥	
仪表检查	检查仪表显示是否正常	显示正常	
构架、基础	检查有无裂缝、渗漏水	正常、无裂缝	
试验	负荷开关柜本体、TV、母线绝缘电阻测量	20℃时开关本体绝缘电阻不低于300MΩ，TV、母线绝缘电阻不低1000MΩ	采用2500V绝缘电阻表
	交流耐压试验	（1）负荷开关柜试验电压值按照DL/T 593规定执行。 （2）TV（全绝缘）电气一次绕组试验电压值按出厂值的85%，出厂值不明的按30kV进行试验。 （3）一般母线交流耐压试验电压为42kV（封闭母线不进行例行试验）。 （4）当负荷开关、TV、母线一起耐压试验时按最低试验电压	试验电压施加方式：合闸时各相对地及相间；分闸时各断口
五防装置检查	五防装置连续操作3次	符合设备技术文件和五防要求	

17.2 注意、异常、严重状态负荷开关柜缺陷处理（见表27）

表27 注意、异常、严重状态负荷开关柜缺陷处理

部件	缺陷类别	状态	检修类别	处理方式	技术要求	备注
本体	开关本体、隔离开关及套管绝缘电阻不合格	严重	A、B类	（1）停电更换绝缘电阻不合格的开关本体、隔离开关及套管。 （2）停电更换绝缘电阻不合格支柱绝缘子等部件	20℃时负荷开关本体绝缘电阻不低于300MΩ	

部件	缺陷类别	状态	检修类别	处理方式	技术要求	备注
本体	导电连接点温度、相对温差异常	异常	C、B、A 类	（1）停电检修电缆头与母排、母排与母排等连接点。 （2）停电更换开关柜。 （3）对开闭器电缆头接点开展测温	（1）相对温差小于 10℃。 （2）接头温度小于 75℃	
		严重				
	负荷开关柜有异常放电声音	异常	A、B 类	（1）停电更换放电的负荷开关柜。 （2）停电检修或更换放电部件	负荷开关柜无异常放电声	
		严重				
	SF$_6$ 负荷开关柜气体压力异常	注意	A、B 类	（1）充 SF$_6$ 气体。 （2）负荷开关柜整体更换。 （3）修复显示异常的压力表	SF$_6$ 负荷开关柜气体压力正常	
		严重				
（电动）操作机构	（电动）操作机构分合闸操作动作异常	异常	C、B、A 类	（1）更换负荷开关柜（电动）操作机构。 （2）更换负荷开关柜	（电动）操作机构分合闸操作动作正常	
		严重				
	（电动）操作机构五防功能异常	注意	C、B、A 类	（1）维修或更换负荷开关柜（电动）操作机构问题部件。 （2）整体更换负荷开关柜	（电动）操作机构五防功能正常，符合设备技术文件和五防要求	
		异常				
		严重				
	（电动）操作机构分合闸指示、投切异常	注意	C、B、A 类	（1）检修或更换负荷开关柜（电动）操作机构分合闸装置问题部件。 （2）更换负荷开关柜	（电动）操作机构分合闸指示正常	
		严重				
	（电动）操作机构有潮湿、凝露现象	注意	D、C、B 类	（1）进行通风除湿。 （2）对（电动）操作机构进行更换	（电动）操作机构无潮湿、凝露现象，保持干燥	
		异常				
		严重				
附件	TV 绝缘电阻不合格	严重	A 类	停电更换绝缘电阻不合格 TV	TV 绝缘电阻合格	
	附件污秽	注意	C 类	清扫：用干净的毛巾擦拭污秽严重的附件	附件无污秽	
		异常				
		严重				

部件	缺陷类别	状态	检修类别	处理方式	技术要求	备注
附件	绝缘件破损	异常	B 类	停电更换绝缘破损件	绝缘件无破损	
		严重				
	附件凝露	注意	C、B、A 类	（1）停电、通风除湿、清扫、检查入水汽点。（2）停电检修凝露部件或加热器等。（3）更换凝露严重的部件。（4）封堵孔洞	无凝露现象	
		异常				
		严重				
	熔断器熔断	严重	A 类	（1）更换熔断器。（2）检修或更换熔断器托架	熔断器正常	
	带电显示器异常	注意	D、C、B 类	（1）不停电更换模块化带电显示器。（2）停电检修带电显示器接线等部件。（3）停电整体更换带电显示器	带电显示器试验正常	
	故障指示器异常	注意	D、C、B 类	（1）不停电更换模块化故障指示器。（2）停电检修故障指示器接线等部件。（3）停电整体更换故障指示器	故障指示器试验正常	
	仪表指示异常	注意	D、C、B 类	（1）不停电更换模块化破损仪表。（2）停电检修或更换仪表接线	仪表指示正常	
接地	接地体连接不良	注意	D 类	（1）修补接地体连接部位及接地引下线。（2）增加接地埋深：开挖接地后重新敷设接地体	接地体连接正常，埋深满足设计要求	
		异常				
		严重				
	接地电阻异常	异常	D 类	增加接地体埋设：敷设新的接地体应与原接地体连接	独立的接地电阻不大于 4Ω，与建筑物工体的接地电阻不大于 0.5Ω	
标识	设备标识和警示标识不全、模糊、错误	注意	D 类	补装、更换	设备标识和警示标识齐全、清楚、整洁	
		异常				

18 电缆检修

18.1 电缆本体检修

18.1.1 正常状态电缆本体检修按 C 类检修执行，检修项目、检修内容、技术要求见表 28。

表 28 正常状态电缆本体 C 类检修项目、内容及技术要求

检修项目	检修内容	技术要求	备注
外观检查	检查电缆是否存在过度弯曲、过度拉伸、外部损伤等情况	电缆应不存在过度弯曲、过度拉伸、外部损伤等情况	
	检查电缆抱箍、电缆夹具、护铁是否存在锈蚀、破损、缺失、螺栓松动等情况	电缆抱箍、电缆夹具、护铁应不存在锈蚀、破损、缺失、螺栓松动等情况	
	检查电缆防火设施是否存在脱落、破损等情况	电缆防火设施应完好	
例行试验	（1）电缆主绝缘绝缘电阻测量。 （2）橡塑电缆主绝缘交流耐压试验。 （3）油纸绝缘电缆直流耐压试验	参照附录 B、C	

18.1.2 注意、异常、严重状态电缆本体依据评价结果及现场情况可采用 B 类、C 类或 D 类检修，缺陷类别、处理方式、技术要求见表 29。

表 29 注意、异常、严重状态电缆本体缺陷处理

缺陷类别	状态	检修类别	处理方式	技术要求	备注
电缆外护套损伤	注意	D 类	包缠防水带材，修复外护套	外观无破损	
	异常				
	严重	C 类			
电缆主绝缘电阻异常	注意	C 类	进行诊断性试验	与初值比没有显著差别，与 Q/GDW 643 相关要求一致，电缆常用故障测寻方法详见附录 F	
	异常	B 类	（1）进行诊断性试验。 （2）试验不合格，则进行故障查找及故障处理，更换部分电缆，重新安装中间接头或终端。 （3）按附录 C 进行相关试验		

18.2 电缆终端检修

18.2.1 正常状态电缆终端检修按 C 类检修执行，检修项目、检修内容、技术要求见表 30。

表30　正常状态、电缆终端 C 类检修项目、内容及技术要求

检修项目	检修内容	技术要求	备注
外观检查	电缆终端有无放电痕迹	电缆终端无放电痕迹	
	电缆终端是否完整，有无渗漏油，有无开裂、电蚀、异响或异味	电缆终端完整，无渗漏油，无开裂、电蚀、异响或异味	
导体连接点	检查外观有无异常，是否有弯曲、氧化等情况	外观无异常	电气搭接面应涂抹适量专用电力复合脂（导电膏）
	检查紧固螺栓是否存在锈蚀、松动、螺帽缺失等情况	螺栓应不存在锈蚀、松动、螺帽缺失等情况	
	恢复搭接	搭接良好，按附录 D 要求紧固螺栓	
支架、保护管等	检查终端支架是否存在锈蚀、破损、部件缺失等情况	终端支架应不存在锈蚀、破损、部件缺失等情况	
	检查终端下方电缆保护管是否存在破损、封堵材料缺失等情况	终端下方电缆保护管应不存在破损、封堵材料缺失等情况	

18.2.2　注意、异常、严重状态电缆终端依据评价结果及现场情况可采用 B 类、C 类、D 类检修，缺陷类别、处理方式、技术要求见表31。

表31　注意、异常、严重状态电缆终端缺隐处理

缺陷类别	状态	检修类别	处理方式	技术要求	备注
导体连接点	注意	C 类	（1）除锈。（2）涂抹专用电力复合脂（导电膏）。（3）紧固螺栓	（1）相对温差小于10℃。（2）接头温度小于75℃	
	异常	C、B 类	（1）除锈。（2）涂抹专用电力复合脂（导电膏）。（3）紧固螺栓。（4）更换		
	严重				
电缆终端破损	注意	D 类	加强巡视，缩短红外测温工作周期	红外测温应无异常，套管破损程度应无变化	
	异常	C、B 类	更换	电缆终端管完好，按照附录 C 要求完成相关试验	
	严重	B 类	更换		
电缆终端表面严重积污	注意	C 类	停电清扫	电缆终端无积污，外观正常	
	异常	C、B 类	（1）停电清扫。（2）更换终端		
	严重	B 类	更换终端		

缺陷类别	状态	检修类别	处理方式	技术要求	备注
电缆终端异物悬挂	注意	D 类	带电处理	电缆终端应无悬挂异物	
	异常	C 类	停电处理		
	严重				
接地装置损坏、安装错误	注意	D、C 类	（1）修补接地体连接部位及接地引下线。 （2）金属屏蔽层接地引下线与零序互感器安装错误，调整正确。 （3）修复独立屏蔽接地的肘型终端接地线	（1）接地体连接正常。 （2）以零序 TA 为基准点，电缆金属屏蔽层接地点在负荷侧时，接地线应直接接地；金属屏蔽层接地点在电源侧时，接地线应穿过互感器接地。 （3）金属屏蔽层、铠装层接地线应采用铜绞线或镀锡铜编织线与电缆屏蔽层连接，其截面面积不应小于 25mm^2。 （4）有独立屏蔽接地的肘型终端，接地应良好	接地引下线外观检查
	异常				

18.3 电缆中间接头检修

18.3.1 正常状态电缆中间接头检修按 C 类检修执行，检修项目、检修内容、技术要求见表 32。

表 32 正常状态电缆中间接头 C 类检修项目、内容及技术要求

检修项目	检修内容	技术要求	备注
外观检查	检查电缆中间接头外观有无异常、有无弯曲	外观应无异常、无弯曲	
	检查电缆中间接头支架（托架、吊架）有无偏移、锈蚀、破损、缺失等情况	电缆中间接头支架（托架、吊架）应无偏移、锈蚀、破损、缺失等情况	
	检查电缆中间接头防火是否完好	电缆中间接头防火设施应完好，无防火槽盒破损	
	检查电缆中间接头是否浸泡水中，如有浸泡进行抽水处理	电缆中间接头不浸泡水中	
试验	电缆振荡波局放检测	参照附录 C	同时可检验电缆终端、电缆本体放电情况

18.3.2 注意、异常、严重状态电缆中间接头依据评价结果及现场情况可采用 B 类、C 类、D

类检修，缺陷类别、处理方式、技术要求见表33。

表33 注意、异常、严重状态电缆中间接头缺陷处理

缺陷类别	状态	检修类别	处理方式	技术要求	备注
电缆中间接头发热、变形、破损	注意	D、C类	（1）加做保护措施。（2）利用测温进行检测，必要时可开展局部放电检测	各类检测结果应无异常	
	异常	C、B类	（1）利用测温进行检测，必要时可开展局部放电检测，确认中间接头主要部件无损伤，修复保护壳。（2）更换中间接头	更换电缆中间接头后应按附录C要求完成相关试验	
	严重	B类	更换中间接头		

18.4 电缆通道检修

18.4.1 直埋电缆通道检修按A类、D类检修执行，缺陷类别、处理方式、技术要求见表34。

表34 注意、异常、严重状态电缆通道缺陷处理

缺陷类别	状态	检修类别	处理方式	技术要求	备注
覆土深度不够	注意	D类	夯土回填	满足 Q/GDW 1512—2014、GB/T 50217、DL/T 5221 相关要求	
	异常	D类	因标高问题无法满足深度要求的，视情况选择加装警示标识、打包封和加装护管等措施		
	严重	A类	加固后仍无法满足电缆运行要求的，更换通道形式后进行迁改		
路径占压	注意	D、A类	对被占压的路径进行清理，或进行迁改	电缆路径无占压	
	严重				

18.4.2 电缆排管检修按A类、D类检修执行，缺陷类别、处理方式、技术要求见表35。

表35 注意、异常、严重状态电缆排管缺陷处理

缺陷类别	状态	检修类别	处理方式	技术要求	备注
排管混凝土包方覆土深度不够	注意	D类	填埋	满足 Q/GDW 1512—2014、GB/T 50217、DL/T 5221 相关要求	
	异常	D类	因标高问题无法满足深度要求的，视情况选择加装警示标识、打包封等措施		

缺陷类别	状态	检修类别	处理方式	技术要求	备注
排管混凝土包方覆土深度不够	严重	A 类	加固后仍无法满足电缆运行要求的，更换通道形式后进行迁改		
预留管孔淤塞不通	注意	D 类	疏通，并两头封堵	确保预留管孔通畅可用，防止进水	
排管混凝土包方破损、开裂	注意	D 类	加固或修复	满足 Q/GDW 1512—2014、GB/T 50217、DL/T 5221 相关要求	
	异常	D 类			
	严重	A 类	拆除破损排管混凝土包方重新建设或另选路径重新建设，线路迁改		
地基沉降、坍塌或水平位移	注意	D 类	加固并持续观察，阶段性测量、拍照比对	应无明显变化	必要时线路配合停电，定向钻进拖拉管参照注意、严重状态执行
	异常	D 类	拆除故障段排管混凝土包方，对地基进行加固处理后在故障位置新建工井	满足 Q/GDW 1512—2014、GB/T 50217、DL/T 5221 相关要求	
	严重	A 类	拆除故障段排管混凝土包方重新建设或另选路径重新建设，线路迁改		

18.4.3 电缆沟检修按 A 类、D 类检修执行，缺陷类别、处理方式、技术要求见表 36。

表 36　注意、异常、严重状态电缆沟缺陷处理

缺陷类别	状态	检修类别	处理方式	技术要求	备注
电缆沟盖板不平整、破损、缺失	注意	D 类	修补或更换	盖板应不存在不平整、破损、缺失情况	
电缆沟墙壁破损、开裂、坍塌	注意	D 类	修复	电缆沟墙壁应不存在破损、开裂、坍塌等情况	必要时线路配合停电，但应对沟内电缆做好保护措施
地基沉降、坍塌或水平位移	注意	D 类	加固并持续观察，阶段性测量、拍照比对，加装警示标识	应无明显变化	必要时线路配合停电，但应对沟内电缆做好保护措施
	异常	D 类	拆除故障段电缆沟，对地基进行加固处理后在故障位置重建	满足 Q/GDW 1512—2014、GB/T 50217、DL/T 5221 相关要求	

表 36（续）

缺陷类别	状态	检修类别	处理方式	技术要求	备注
地基沉降、坍塌或水平位移	严重	A 类	拆除故障段电缆沟重新建设或另选路径重新建设，线路迁改		
电缆沟渗漏水	注意	D 类	对电缆沟排水或修复	电缆沟防水措施良好，无积水	

18.4.4 电缆隧道检修

18.4.4.1 正常状态电缆隧道内各类设施检修按 C 类检修执行，检修项目、检修内容、技术要求见表 37。

表 37 正常状态电缆隧道 C 类检修项目、内容及技术要求

检修项目	检修内容	技术要求	备注
通风设施	检查风机转动是否正常	线路供电可靠、转速稳定、无异常噪声	
	检查风机排风效果是否正常	排风效果明显	
	检查远程控制及就地控制可靠性	远程控制及就地控制可以自由切换	
	检查风机各模式下传感器灵敏度是否正常	自启动模式、巡视模式、火灾模式等多种模式均能按照规定要求正常工作	
环境监测系统	检查各子系统（水位、温度、湿度、烟雾、有毒气体等）是否工作正常	各子系统（水位、温度、湿度、烟雾、有毒气体等）应工作正常	
	校验各监测表计的准确性	表计显示的读数在允许的误差范围之内	
排水设施	检查水泵是否正常运转	水泵排水效果理想	
	检查自启动模式是否正常	水位监控传感器正常感应水位，电机自启动工作	
照明设施	检查照明灯具是否正常	采用防潮防爆型，灯具均能正常工作	
	检查远程控制及就地控制可靠性	远程控制及就地控制可以自由切换	
通信设施	检查有线通信设备和控制中心通信是否正常	隧道通信设备和中心通信联络正常	
	检查移动通信设备是否正常	移动手机信号正常	
消防设施	检查消防器具的使用寿命	消防器具均应在使用寿命内	
	检查消防设备的完整性	消防设备无遗失	
	检查火灾报警系统是否正常工作	火灾报警系统工作正常	

表 37（续）

检修项目	检修内容	技术要求	备注
井盖控制系统	检查井盖控制系统是否工作正常	井盖控制系统应工作正常	门禁系统
	检查远程控制和就地控制可靠性	远程控制模式和就地控制模式可以自由切换	
	检查入侵报警系统是否工作正常	入侵报警系统应工作正常	
视频监控系统	检查视频监控是否工作正常	视频监控应工作正常	
隧道应力应变监测装置	检查隧道应力应变监测装置是否工作正常	隧道应力应变监测装置应工作正常	
隧道电源	检查隧道电源系统是否工作正常	采用防潮防爆型电源盒、开关，隧道电源系统应工作正常	

18.4.4.2 注意、异常、严重状态电缆隧道依据评价结果及现场情况可采用 C 类、D 类检修，缺陷类别、处理方式、技术要求见表 38。

表 38 注意、异常、严重状态电缆隧道缺陷处理

缺陷类别	状态	检修类别	处理方式	技术要求	备注
隧道本体有裂缝	注意	D 类	（1）修复，并做好防水堵漏处理。 （2）缩短巡视周期，加强观察	隧道本体应完好	
	异常				
	严重				
隧道通风亭破损	注意	D 类	修复	隧道通风亭应完好	
	异常				
	严重				
隧道爬梯锈蚀、破损、部件缺失	注意	D 类	进行除锈防腐处理、更换或加装	隧道爬梯应完好，无锈蚀、破损、部件缺失等情况	
	异常				
	严重				
通风设备异常	注意	C 类	（1）涂抹润滑剂。 （2）更换气体、温度传感器。 （3）更换控制回路损坏部件	通风设备工作正常	
	异常				
	严重				
环境监测设施异常	注意	C 类	（1）更换表计。 （2）更换气体检测传感器	环境监测设备工作正常	
	异常				
	严重				

缺陷类别	状态	检修类别	处理方式	技术要求	备注
排水设施异常	注意	C 类	（1）更换水泵。 （2）更换水位监测传感器。 （3）积水坑清淤，篦子完好	排水设施工作正常	
	异常				
	严重				
照明设施异常	注意	C 类	（1）更换灯具。 （2）更换控制回路损坏部件	照明设施工作正常	
	异常				
	严重				
通信设施异常	注意	D 类	（1）更换线路受损部分。 （2）更换无线信号发射器	通信设施工作正常	
	异常				
	严重				
消防设施异常	注意	D 类	（1）更换使用寿命到年限的部件。 （2）补充遗失的消防设施	消防设施工作正常	
	异常				
	严重				
井盖控制系统异常	注意	D 类	修复	井盖控制系统工作正常	
	异常				
	严重				
视频监控系统异常	注意	D 类	修复	视频监控系统工作正常	
	异常				
	严重				
隧道应力应变监测装置异常	注意	D 类	修复	隧道应力应变监测装置工作正常	
	异常				
	严重				

18.5 电缆桥架检修

注意、异常、严重状态电缆桥架依据评价结果及现场情况可采用 A 类、D 类检修，缺陷类别、处理方式、技术要求见表 39。

表39 注意、异常、严重状态电缆桥缺陷处理

缺陷类别	状态	检修类别	处理方式	技术要求	备注
桥架基础沉降、倾斜、坍塌	注意	D类	缩短巡视周期，加强巡视，阶段性拍照比对	应无明显变化	
	异常	D类	（1）对基础进行加固处理。 （2）跟踪观察一段时间，确认是否还有沉降、倾斜现象	应无明显变化	
	严重	A类	选择其他通道重新建设，线路迁改	满足 Q/GDW 1512—2014、GB/T 50217、DL/T 5221 相关要求	
桥架基础覆土流失	注意	D类	加固并夯土回填	满足 Q/GDW 1512—2014、GB/T 50217、DL/T 5221 相关要求	
	异常				
桥架主材锈蚀、破损、部件缺失	注意	D类	带电进行除锈防腐处理、更换或加装	满足 Q/GDW 1512—2014、GB/T 50217、DL/T 5221 相关要求	
	异常				
	严重	A类	选择其他通道重新建设，线路迁改		
桥架倾斜	注意	D类	（1）加固。 （2）缩短巡视周期，加强巡视，阶段性拍照比对，是否有恶化趋势	满足 Q/GDW 1512—2014、GB/T 50217、DL/T 5221 相关要求	
	异常	A类	选择其他通道重新建设，线路迁改		
桥梁本体倾斜、断裂、坍塌或拆除	注意	D类	（1）与桥梁保养单位保持密切联系，督促其积极进行维修。 （2）缩短巡视周期，重点检查桥墩两侧和伸缩缝处的电缆松弛部分	（1）桥梁应及时得到维修，保持安全稳定。 （2）桥墩两侧和伸缩缝处的电缆松弛部分应无明显变化	
	异常	A类	选择其他通道重新建设，线路迁改	满足 Q/GDW 1512—2014、GB/T 50217、DL/T 5221 相关要求	

18.6 电缆井检修

注意、异常、严重状态电缆井检修依据评价结果及现场情况可采用 A 类、D 类检修，缺陷类别、处理方式、技术要求见表40。

表 40　注意、异常、严重状态电缆井缺陷处理

缺陷类别	状态	检修类别	处理方式	技术要求	备注
电缆井井盖不平整、破损、缺失、不满足五防要求	注意	D 类	修补或更换	井盖应不存在不平整、破损、缺失情况，应满足五防要求	
电缆井井盖未安装或损坏	注意	D 类	加装或更换井盖，无法安装井盖的需安装防坠网	电缆井应加装井盖或防坠网	
电缆井墙壁破损、开裂、坍塌	注意	D 类	修复	电缆井墙壁应不存在破损、开裂、坍塌等情况	必要时线路配合停电，但应对沟内电缆做好保护措施
	异常				
	严重				
地基沉降、坍塌或水平位移	注意	D 类	加固并持续观察，阶段性测量、拍照比对，加装警示标识	应无明显变化	必要时线路配合停电，但应对沟内电缆做好保护措施
	异常	D 类	拆除故障位置电缆井，对地基进行加固处理后在故障位置重建	满足 Q/GDW 1512—2014、GB/T 50217、DL/T 5221 相关要求	
	严重	A 类	拆除故障段电缆井重新建设或另选路径重新建设，线路迁改		
电缆工井渗漏水	注意	D 类	对电缆工井排水或修复	工井防水措施良好，无积水	

18.7　附属设施检修

18.7.1　注意、异常、严重状态电缆支架检修依据评价结果及现场情况可采用 C 类、D 类检修，缺陷类别、处理方式、技术要求见表 41。

表 41　注意、异常、严重状态电缆支架缺陷处理

缺陷类别	状态	检修类别	处理方式	技术要求	备注
金属支架锈蚀、破损、部件缺失	注意	D 类	带电进行除锈防腐处理、更换或加装	金属支架应无锈蚀、破损、部件缺失等情况	
	异常				
	严重				
金属支架接地不良	注意	C 类	（1）金属支架接地装置除锈防腐处理、更换或加装。（2）接地极增设接地桩，对周边土壤进行降阻处理，必要时进行开挖检查修复	金属支架应接地良好	
	异常				
	严重				

表 41（续）

缺陷类别	状态	检修类别	处理方式	技术要求	备注
支架固定装置松动、脱落	注意	D 类	修复	支架固定装置应安装牢固	指膨胀螺栓、预埋铁或自承式支架构件
	异常				
	严重				
支架上的电缆固定夹具锈蚀、破损、缺失	注意	D 类	除锈防腐处理、更换或加装	支架上的电缆固定夹具应不存在锈蚀、破损、缺失等情况	
	异常				
	严重				

18.7.2 注意、异常、严重状态标识标牌检修依据评价结果及现场情况可采用 D 类检修，缺陷类别、处理方式、技术要求见表 42。

表 42 注意、异常、严重状态标识标牌缺陷处理

缺陷类别	状态	检修类别	处理方式	技术要求	备注
标识标牌锈蚀、老化、破损、缺失	注意	D 类	除锈防腐处理、更换或加装	标识标牌应不存在锈蚀、破损、缺失等情况	
标识标牌字体模糊、内容不清	注意	D 类	更换	标识标牌应字迹清晰	

18.8 故障测寻

为符合电缆检修前故障定位的要求，应开展故障测寻。电缆故障测寻适用方法见表 43。

表 43 电缆故障测寻适用方法

故障类型	判别标准	适用方法	备注
断线故障	故障相与完好相短接后用万用表测量不成回路	用电容法或低压脉冲法进行故障测距，用声测定点法或声磁同步法精确定位	使用低压脉冲法时要分别测量完好相与故障相的长度，通过长度计算出故障位置
高阻故障	万用表测量绝缘电阻 1MΩ 以上（或根据使用的设备自行规定）	用冲击闪络法（包括二次脉冲法、三次脉冲法）进行故障测距，用声测定点法或声磁同步法精确定位	利用测量脉冲波形与参考脉冲波形分歧点进行故障位置确定
低阻故障（金属性接地）	万用表测量绝缘电阻 1MΩ 以下（或根据使用的设备自行规定）	用电桥法或低压脉冲法进行故障测距，用音频感应法或声磁同步法精确定位	

18.9 电缆识别（见表44）

表44 电缆识别工作项目及工作内容

工作项目	工 作 内 容	技 术 要 求	备注
图纸核对	依据图纸核对电缆型号、走向、断面位置	现场与图纸资料一致	
路名核对	核对现场电缆标志牌与待检修电缆路名相符	电缆标志牌与待检修电缆路名一致	
专用判别仪器使用	（1）保证待判别电缆已可靠接地，判别仪器正常，接线正确。 （2）信号发生端和信号接收端两组人员做好配合，通信畅通	正确判别电缆，做好标记	

19 构筑物检修

正常状态构筑检修主要为 D 类检修；注意、异常、严重状态依据评价结果一般采用 B 类、D 类检修，检修安全距离不足时采用 C 类检修。

19.1 正常状态构筑物检修项目（见表45）

表45 正常状态构筑物检修项目、内容及技术要求

检修项目	检 修 内 容	技 术 要 求	备注
外观检查	（1）检查屋顶、外体、门窗、楼梯和防小动物措施外观有无异常。 （2）检查标示牌和设备命名	（1）屋顶、外体、门窗、楼梯和防小动物措施外观无异常。 （2）标示牌和设备命名正确	
基础检查	检查井、基础有无异常	井内无积水、杂物，基础无破损、沉降	
通道检查	检查通道是否异常	通道的路面正常，通道内无违章建筑及堆积物	
辅助设施	检查辅助设施是否异常	通风、灭火器、照明、安防、溢水报警装置等辅助设备无异常	

19.2 注意、异常、严重状态构筑物缺陷处理（见表46）

表46 注意、异常、严重状态构筑物缺陷处理

部件	缺陷类别	状态	检修类别	处理方式	技术要求	备注
本体	屋顶漏水	异常	D、C 类	（1）不停电修补。 （2）停电修补（施工安全距离不足）	房屋无渗漏	
		严重				

部件	缺陷类别	状态	检修类别	处理方式	技术要求	备注
本体	外体渗漏	异常	D、C类	（1）不停电修补。 （2）停电修补（施工安全距离不足）	外体无渗漏	
		严重				
	门窗破损	异常	D类	不停电修补	门窗完好	
		严重				
	防小动物措施不完善	注意	D类	增加防鼠板或鼠药盒，封堵电缆管孔	防小动物措施完善	
		异常				
	楼梯破损	严重	D类	修补楼梯	楼梯完好	
基础	基础异常	异常	D、C类	（1）不停电修补。 （2）停电修补（施工安全距离不足）	基础正常	
		严重				
接地	接地体连接不良，埋深不足	注意	D类	（1）修补接地体连接部位及接地引下线。 （2）增加接地埋深：开挖接地后重新敷设接地体	接地体连接正常，埋深满足设计要求	接地引下线外观检查
		异常				
		严重				
	接地电阻异常	严重	D类	增加接地体埋设：敷设新的接地体应与原接地体连接	接地电阻不大于 0.5Ω	
通道	通道堵塞	注意	D类	清理堆积物	通道正常，无堆积物	
		异常				
		严重				
其他设备	灭火器异常	注意	D类	更换	灭火器正常，气压位于正常状态	
	照明设施异常	异常	D类	检修	照明设施正常	
	排风装置异常	注意	D类	维修或更换	排风装置正常	
		异常				
	排水装置异常	注意	D类	清理或检修	排水装置正常	
		异常				
	除湿装置异常	注意	D、B类	检修或更换	除湿装置正常	
		异常				

表46（续）

部件	缺陷类别	状态	检修类别	处理方式	技术要求	备注
其他设备	安防设施异常	异常	D、B类	维修或更换	安防设施正常	
	设备标识和警示标识不全、模糊、错误	注意	D类	补装、更换	设备标识和警示标识齐全、清楚、整洁	
		异常				
		严重				
	视频监控异常	异常	D、B类	维修或更换接线、视频摄像头等	视频监控异常	
		严重				
	电源情况异常	注意	D类	进行修复	电源情况正常	

20 0.4kV 架空线路检修

0.4kV 架空线路检修主要为 C 类检修；0.4kV 架空线路依据缺陷程度及现场情况可采用 B 类、C 类、D 类检修。0.4kV 架空线路按照杆塔及基础、导线、绝缘子、铁件（金具）、拉线、接地装置、附件等 8 类部件进行检修。导线包含绝缘导线、裸导线、集束电缆。

20.1 杆塔及基础（见表 47）

表 47 0.4kV 架空线路杆塔及基础缺陷处理

缺陷类别	缺陷程度	检修类别	处理方式	技术要求	备注
埋深不足	一般	D类	（1）夯土回填：回填土每升高 500mm，夯实 1 次，回填土高出地面 300mm。（2）基础加固：1）装配式基础、洪水冲刷严重的基础需要加固（或防腐）时，应事先打好杆塔临时拉线。2）修补、补强基础时，混凝土中严禁掺入氯盐，不同品种的水泥不应在同一个基础腿中同时使用	混凝土杆埋深：10m 杆 1.7m，12m 杆 1.9m	
	严重				
	危急				
混凝土杆倾斜变形	一般	D、B类	（1）电杆扶正：1）倾斜电杆在扶正处理前必须打好临时拉线。2）自立式电杆的倾斜扶正必须将根部开挖后方可处理。	水泥杆（混凝土杆）倾斜度（包括挠度）<2 个电杆梢径	
	严重				

表 47（续）

缺陷类别	缺陷程度	检修类别	处理方式	技术要求	备注
混凝土杆倾斜变形	危急	D、B类	3）倾斜扶正应采用紧线器具进行微调，严禁采用人（机械）拉大绳的方法。 （2）更换杆塔：按组立杆塔作业流程进行；更换耐张杆塔时应两侧加装临时拉线	水泥杆（混凝土杆）倾斜度（包括挠度）<2 个电杆梢径	
混凝土杆表面老化、裂缝	一般 严重 危急	D、B类	（1）修补裂纹：应根据实际情况采取打套筒（抽水灌混凝土）、加装抱箍等补强、加固措施或更换处理。 （2）更换杆塔：按组立杆塔作业流程进行；更换耐张杆塔时应两侧加装临时拉线	（1）不应有纵向裂纹，横向裂纹的宽度不应超过0.2mm，长度不应超过周长的 1/3。 （2）混凝土杆杆身弯曲不超过杆长的 1/1000。 （3）钢管杆整根及各段的弯曲度不超过其长度的2/1000	
窄基塔、混凝土杆接头锈蚀	一般 严重	D、B类	（1）杆塔防腐处理： 1）杆塔防腐通常采用涂刷防腐漆的办法，电杆钢圈接头的防腐也可采用环氧树脂、水泥包覆的方法处理。 2）采用涂刷防腐漆，应严格按照"除锈、底漆、面漆"的工艺程序。 （2）更换杆塔：按组立杆塔作业流程进行；更换耐张杆塔时应两侧加装临时拉线	塔材无锈蚀；塔材镀锌层无脱落、开裂；混凝土杆无裂纹、酥松、钢筋外露，焊接处无开裂、锈蚀	
杆塔基础异常（沉降）	一般 严重 危急	D类	对发生沉降的基础进行混凝土补强或回填土夯实： （1）装配式基础、洪水冲刷严重的基础需要加固（或防腐）时，应事先打好杆塔临时拉线。 （2）修补、补强基础时，混凝土中严禁掺入氯盐，不同品种的水泥不应在同一个基础腿中同时使用	基础无异常	
弱电线路（通信、有线等）未经批准后搭挂	一般 严重 危急	D类	拆除未经批准搭挂的弱电线路： 1）拆除时禁止带张力剪断弱电线路，以防止拆除线路反弹至电力线路或引起张力不平衡 2）必要时做临时拉线，防止出现张力不平衡	无未经批准搭挂的弱电线路	

20.2 导线（见表 48）

表 48 0.4kV 架空线路导线缺陷处理

缺陷类别	缺陷程度	检修类别	处理方式	技术要求	备注
接头温度异常	一般 严重 危急	D、C、B 类	（1）消缺：打开导线跳线处的连接线夹，检查电气连接处的接触情况，保证导线接触紧密，连接可靠。 （2）更换线夹：更换为匹配的连接线夹	（1）相间温度差小于10℃。 （2）接头温度小于75℃	耐张线夹、C 型线夹、H 型线夹
导线受损	一般 严重 危急	D、B 类	（1）压接或修补损伤导线： 1）导线打磨处理线伤：将损伤处棱角与毛刺用 0 号砂纸磨光。 2）单丝缠绕处理导地线损伤：将受伤处线股处理平整。导线缠绕材料应与被修理导线的材质相适应，缠绕紧密，并将受伤部分全部覆盖，距损伤部位边缘单边长度不得小于50mm。 3）绝缘导线绝缘层轻微破损时采用绝缘胶带进行缠绕，搭接处恢复原绝缘状态。 （2）更换损伤导线（导线在同一处损伤符合下述情况之一时，必须切断重接）： 1）导线损伤的截面积超过采用补修管补修范围的规定时。 2）连续损伤的截面积没有超过补修管补修的规定，但其损伤长度已超过补修管的补修范围。 3）绝缘层破损长度超过规定数值	（1）电气性能：应满足被修补的原型号导线通流容量的要求，即导线修补处的温升不大于其余完好部位导线温升。 （2）机械特性：导线经修补后，其拉断力不应小于原型号导线计算拉断力（CUTS）的95%	（1）包含导线断股、散股、绝缘破损。导线的连接部分不得有线股绞制不良、断股、缺股等缺陷。 （2）连接后管口附近不得有明显的松股、抽筋现象。 （3）采用钳接或液压连接导线时，应使用导电脂
导线重载或过载	一般 严重 危急	B、D 类	（1）更换导线：更换截面过小的导线，提高线路输送容量。 （2）切改负荷：合理切改负荷，减低线路负载率	导线负载不宜超过额定负载的70%	

缺陷类别	缺陷程度	检修类别	处理方式	技术要求	备注
导线电气距离、交跨、树木安全距离不足	严重	C 类	（1）停电作业：调整导线弧垂或跳线，提高电气安全距离；消除安全距离不足的树木或其他构筑物。（2）换杆或提升横担以提高导线架设高度	满足《配电网运维规程》	
接户线	一般	D、C、B 类	（1）消缺：打开导线跳线处的连接线夹，检查电气连接处的接触情况保证导线接触紧密，连接可靠（2）更换线夹：更换为匹配的连接线夹	（1）相间温度差小于10℃。（2）接头温度小于 75℃	
	严重				
	危急				

20.3 绝缘子（见表49）

表 49 0.4kV 架空线路绝缘子缺陷处理

缺陷类别	缺陷程度	检修类别	处理方式	技术要求	备注
绝缘子污秽、闪络	一般	D、C、B 类	（1）清扫绝缘子：瓷质绝缘子停电擦拭应逐片进行，对污秽严重的绝缘子应进行更换。（2）停电更换悬式绝缘子：1）更换绝缘子片（串）前，应做好防止导线脱落的保护措施；使用紧线器收紧导线，使其受一定的张力，此时全面检查各连接部位的受力情况，防止出现受力不均衡情况。2）继续收紧紧线器，使绝缘子松弛，将绝缘子串张力完全转移至紧线器上。3）拆除绝缘子连接金具，更换绝缘子串，并重新安装绝缘子连接金具。4）检查绝缘子安装位置，绝缘子串钢帽、绝缘体、钢脚应在同一轴线上，销子齐全完好、开口方向与原线路一致。（3）停电更换直线杆绝缘子	绝缘子外观清洁，无污秽、闪络现象。新更换的绝缘子应完好无损、表面清洁，瓷质绝缘子的绝缘电阻宜用 500V 绝缘电阻表进行测量，电阻值应大于 20MΩ	
	严重				
	危急				

缺陷类别	缺陷程度	检修类别	处理方式	技术要求	备注
绝缘子釉面脱漏（破损）	一般	B 类	停电更换绝缘子：见"绝缘子污秽、闪络"处理方式	无裂缝，釉面剥落面积不应大于 100mm²	
	严重				
	危急				
绝缘子松动	一般	B 类	停电更换绝缘子：对绝缘子底部破损导致松动的绝缘子进行更换	绝缘子安装牢固、无歪斜	
	严重				
	危急				

20.4 铁件和金具（见表 50）

表 50 0.4kV 架空线路铁件和金具缺陷处理

缺陷类别	缺陷程度	检修类别	处理方式	技术要求	备注
铁件和金具锈蚀	一般	B 类	（1）防腐处理：打开金具，清除表面污秽，用砂纸除锈，涂刷防腐漆，并严格按照"除锈、底漆、面漆"的工艺程序。（2）更换锈蚀严重的铁件、金具：1）球头、碗头及弹簧销子更换后，应检查并确认其相互配合可靠、完好。2）各种金具的螺栓、穿钉及弹簧销子等穿向应符合规范要求	铁件和金具锈蚀时不应起皮和严重麻点，锈蚀面积不应超过 1/2	
	严重				
	危急				
安装欠牢固、可靠	一般	C、B 类	（1）紧固螺栓：用扭力扳手紧固螺栓或加装弹簧垫片。（2）更换：依据实际情况，对安装松动严重的铁件、金具进行更换	铁件、金具等安装应牢固、可靠，无歪斜	
	严重				
	危急				
倾斜变形	一般	C、B 类	停电更换：对变形严重的横担、线夹等采用停电更换	横担、塔材等上下倾斜、左右偏歪不应大于横担长度的 2%；无明显变形	
	严重				
	危急				

20.5 拉线（见表51）

表51 0.4kV 架空线路拉线缺陷处理

缺陷类别	缺陷程度	检修类别	处理方式	技术要求	备注
锈蚀、断股	一般	D、B类	（1）除锈：清除表面污秽，用砂纸除锈，涂刷防腐漆。 （2）修补：对拉线断股未超过修补范围时应采取缠绕方法补修。 （3）停电更换拉线： 1）吊上临时拉线，杆上作业人员用U型环将其固定在需要更换的拉线上把附近牢固的构件处。 2）地面作业人员将链条葫芦（或双钩紧线器）挂在与待换拉线相连接的拉棒环上。 3）将临时拉线下端回头用钢线卡紧固后，挂上链条葫芦（或双钩紧线器），收紧临时拉线，把下端回头用钢线卡重新紧固。链条葫芦（或双钩紧线器），收紧临时拉线，把下端回头用钢线卡重新紧固。 4）地面作业人员用链条葫芦（或双钩紧线器）收紧需要更换的拉线，拆开下把，然后由杆上作业人员拆开上把，吊下需要更换的拉线。 5）地面作业人员将做好的新拉线上把吊给杆上作业人员。 6）杆上作业人员挂好上把，地面作业人员用链条葫芦（或双钩紧线器）收紧新拉线，校杆后制作下把，绑扎拉线回头	（1）拉线无锈蚀。 （2）更换后拉线的机械强度不得低于原设计标准	（1）杆塔拉线更换时必须事先打好可靠临时拉线，严禁利用临时拉线、非标准拉线代替永久拉线。 （2）杆塔上有人工作时，严禁调整拉线
	严重				
	危急				
松弛或过紧	一般	D类	（1）调整拉线下把螺栓：直接调整拉线下把UT线夹螺栓。 （2）更换拉线下把： 1）用钢线卡紧固拉线后，挂上链条葫芦（或双钩紧线器），链条葫芦（或	拉线弛度正常	
	严重				

缺陷类别	缺陷程度	检修类别	处理方式	技术要求	备注
松弛或过紧	危急	D 类	双钩紧线器）另一端与拉线棒连接。 2）用链条葫芦（或双钩紧线器）收紧需要更换的拉线，更换拉线下把	拉线弛度正常	
埋深不足	一般	D 类	（1）采用回填土方式加固基础：采用夯土回填方式，回填土每升高500mm，夯实 1 次，回填土高出地面 300mm。 （2）重新埋设拉线盘	符合设计要求	
	严重				
	危急				
拉线绝缘子缺失或损坏	危急	C、D类	更换拉线绝缘子	符合设计要求	

20.6 标识、附件（见表 52）

表 52 0.4kV 架空线路标识、附件缺陷处理

缺陷类别	缺陷程度	检修类别	处理方式	技术要求	备注
设备标识和警示标识不全、模糊、错误	一般	D 类	不停电补装、更换：设备标识和警示标识应依据要求及规定位置挂设	设备标识和警示标识齐全、清晰、无误	
	严重				
	危急				
防触电警示	一般	D 类	不停电补装、更换	防触电警示正常	
	严重				

21 0.4kV 配电柜检修

0.4kV 配电柜包含柱上配电箱、配电站室低压开关柜和配电箱（JP 柜），配电柜依据缺陷程度及现场情况可采用 A 类、B 类、C 类、D 类检修，见表 53。

表 53 0.4kV 配电柜缺陷处理

缺陷类别	缺陷程度	检修类别	处理方式	技术要求	备注
配电柜外壳锈蚀、损坏，门锁脱落	一般	A、D类	（1）更换门锁。 （2）修复破损的配电柜	配电柜外观良好，门锁装置齐全，开启自如	
	严重				
	危急				

缺陷类别	缺陷程度	检修类别	处理方式	技术要求	备注
一、二次导电连接点温度、相对温差异常	一般 严重 危急	B、C类	检修或更换导电连接点部件	（1）相间温度差小于10℃。 （2）接头温度小于75℃	
附件污秽	一般 严重 危急	D类	清扫：用干净的毛巾擦拭污秽，用清洗剂擦拭污秽严重的附件	附件无污秽	
绝缘件破损	一般 严重 危急	B类	更换破损绝缘件	绝缘件无破损	
附件凝露	一般 严重 危急	D、C、B类	（1）停电、通风除湿、清扫、检查入水汽点。 （2）更换凝露严重的部件。 （3）封堵孔洞	无凝露现象	
操作机构分合闸操作动作异常	一般 严重 危急	B、C类	更换配电柜操作机构	操作机构分合闸操作动作正常	
仪表、指示灯异常	一般 严重 危急	D、C、B类	（1）不停电更换仪表或指示灯。 （2）停电更换仪表或指示灯。 （3）检修仪表或指示灯接线。 （4）停电更换TA、TV等	仪表、指示灯正常	
配电变压器终端及其配电装置、剩余电流动作保护器异常	一般 严重 危急	D、C、B类	（1）检修配电变压器终端、剩余电流动作保护器二次接线。 （2）更换破损或失效的配电变压器终端、剩余电流动作保护器。 （3）更换配电变压器终端传感器、熔丝等	配电变压器终端、剩余电流动作保护器无异常	
设备标识和警示标识不全、模糊、错误	一般	D类	补装、更换	设备标识和警示标识齐全、清楚、整洁	

表 53（续）

缺陷类别	缺陷程度	检修类别	处理方式	技术要求	备注
开关本体、母线绝缘电阻测量不合格	严重	A、B类	（1）停电更换绝缘电阻不合格的开关本体。 （2）停电更换绝缘电阻不合格的支柱绝缘子等部件。 （3）通风除湿，加热去潮，检查母线支持绝缘子污秽情况	20℃绝缘电阻不低 10MΩ	采用 500V 绝缘电阻表
	危急				
接地电阻异常	严重	D类	增加接地电阻埋设	不大于 4Ω	

22　0.4kV 户外落地式低压电缆分支箱检修

0.4kV 户外落地式低压电缆分支箱依据缺陷程度及现场情况可采用 A 类、B 类、C 类、D 类检修，见表 54。

表 54　0.4kV 户外落地式低压电缆分支箱缺陷处理

缺陷类别	缺陷程度	检修类别	处理方式	技术要求	备注
箱体基础有沉降、破裂或裂缝现象，电缆进出口封堵损坏	一般	D、C类	（1）进行基础加固、修复。 （2）进行基础修补。 （3）对电缆进出口进行封堵处理	箱体基础完好，无裂缝现象，封堵良好	
	注意				
柜本体锈蚀、损坏，门锁脱落	一般	A、D类	（1）修复损坏的电缆分支箱。 （2）更换门锁	低压电缆分支箱外观良好，门锁装置齐全，开启自如	
	严重				
	危急				
箱体内有渗漏水、潮湿、凝露现象	一般	D、C类	进行通风、除湿处理	箱体内无渗漏水、凝露现象，保持干燥	
	注意				
导电连接点温度、相对温差异常	一般	B、C类	停电检修或更换导电连接点部件	（1）相间温度差小于10℃。 （2）接头温度小于 75℃	
	严重				
	危急				
（熔断器式）隔离开关破损，拉合操作动作异常	一般	C、A类	（1）停电检修。 （2）更换（熔断器式）隔离开关	（熔断器式）隔离开关本体良好，无破损现象；操作正常、无卡涩	
	严重				
	危急				
设备标识和警示标识不全、模糊、错误	一般	D类	补装、更换	设备标识和警示标识齐全、清楚、整洁	

23 0.4kV 挂墙式低压电缆分支箱检修

0.4kV 挂墙式电缆分支箱依据缺陷程度及现场情况可采用 A 类、B 类、C 类、D 类检修，见表 55。

表 55 0.4kV 挂墙式电缆分支箱缺陷处理

缺陷类别	缺陷程度	检修类别	处理方式	技术要求	备注
墙上支架松动，墙体有破裂或裂缝现象，电缆进出口封堵损坏	一般	D、C 类	（1）进行向上支架加固、修复。 （2）进行基础修补。 （3）对电缆进出口进行封堵处理	墙上支架完好，无松动现象，箱体外观良好，封堵良好	
	注意				
柜本体锈蚀、损坏，门锁脱落	一般	A、D 类	（1）修复损坏的电缆分支箱。 （2）更换门锁	挂墙式电缆分支箱外观良好，门锁装置齐全，开启自如	
	严重				
	危急				
箱体内有渗漏水、潮湿、凝露现象	一般	D、C 类	进行通风、除湿处理	箱体内无渗漏水、凝露现象，保持干燥	
	注意				
导电连接点温度、相对温差异常	一般	B、C 类	停电检修或更换导电连接点部件	（1）相间温度差小于10℃。 （2）接头温度小于 75℃	
	严重				
	危急				
（熔断器式）隔离开关破损，拉合操作动作异常	一般	C、A 类	（1）停电检修。 （2）更换（熔断器式）隔离开关	（熔断器式）隔离开关本体良好，无破损现象；操作正常、无卡涩	
	严重				
	危急				
设备标识和警示标识不全、模糊、错误	一般	D 类	补装、更换	设备标识和警示标识齐全、清楚、整洁	

24 0.4kV 低压电缆派接箱检修

0.4kV 低压电缆派接箱依据缺陷程度及现场情况可采用 A 类、B 类、C 类、D 类检修，见表 56。

表 56 0.4kV 低压电缆派接箱缺陷处理

缺陷类别	缺陷程度	检修类别	处理方式	技术要求	备注
派接箱支架松动，有损坏现象	一般	D、C 类	（1）对支架进行加固、修复。 （2）对箱体进行修复	支架完好，箱体外观良好	
	注意				

缺陷类别	缺陷程度	检修类别	处理方式	技术要求	备注
箱体锈蚀、损坏，门锁脱落	一般 严重 危急	A、D类	（1）修复损坏的派接箱。 （2）更换门锁	低压派接箱外观良好，门锁装置齐全，开启自如	
箱体内有渗漏水、潮湿、凝露现象	一般 注意	D、C类	进行通风、除湿处理	箱体内无渗漏水、凝露现象，保持干燥	
导电连接点温度、相对温差异常	一般 严重 危急	B、C类	停电检修或更换导电连接点部件	（1）相间温度差小于10℃。 （2）接头温度小于75℃	
（熔断器式）隔离开关破损，拉合操作动作异常	一般 严重 危急	C、A类	（1）停电检修。 （2）更换（熔断器式）隔离开关	（熔断器式）隔离开关本体良好，无破损现象；操作正常、无卡涩	
设备标识和警示标识不全、模糊、错误	一般	D类	补装、更换	设备标识和警示标识齐全、清楚、整洁	

25 0.4kV 避雷器检修

正常状态 0.4kV 避雷器检修主要为 A 类检修；0.4kV 避雷器依据缺陷程度及现场情况可采用 A 类、C 类检修，见表 57。

表 57 0.4kV 避雷器缺陷处理

缺陷类别	缺陷程度	检修类别	处理方式	技术要求	备注
外观有破损、放电、变色、变形痕迹	严重 危急	A类	更换	外观无破损	
外观污秽	严重 危急	C、A类	（1）清扫：用干净的毛巾擦拭污秽，用清洗剂擦拭污秽严重的附件。 （2）更换污秽严重的避雷器	无污秽	

26 0.4kV 电容器检修

0.4kV 电容器依据缺陷程度及现场情况可采用 A 类、C 类、D 类检修，见表 58。

表 58   0.4kV 电容器缺陷处理

缺陷类别	缺陷程度	检修类别	处理方式	技术要求	备注
电容器外观异常（渗漏、涨鼓）	严重	A 类	（1）检修断裂、老化的电容接线。（2）停电更换涨鼓、破损、渗漏电容	电容器外观无异常，无涨鼓、破损、渗漏现象	
	危急				
电容器本体严重锈蚀	严重	A 类	更换锈蚀严重的电容	电容器本体无锈蚀	
投切装置异常	一般	D、C、A 类	（1）检修电容器投切装置。（2）不停电设置电容器投切装置。（3）更换电容器投切装置	电容器投切装置无异常	
	严重				
	危急				

27   0.4kV 电缆检修

0.4kV 电缆本体、电缆终端依据缺陷程度及现场情况可采用 B 类、C 类、D 类检修，见表 59。

表 59   0.4kV 电缆本体、电缆终端缺陷处理

缺陷内容	缺陷程度	检修类别	处理方式	技术要求	备注
电缆外护套损伤	一般	D 类	包缠防水、绝缘带材，进行修	外护套无损伤	
	严重	D 类			
	危急	C 类			
电缆抱箍和电缆夹具、锈蚀、破损、部件缺失	一般	D 类	（1）除锈、防腐处理。（2）螺栓紧固	电缆抱箍、电缆夹具无锈蚀、破损、部件缺失、螺栓松动等情况	
	严重	D、C 类	（1）除锈、防腐处理。（2）螺栓紧固。（3）更换		
	危急	C 类	（1）除锈、防腐处理。（2）螺栓紧固。（3）更换		
设备连接点发热	一般	C 类	（1）除锈。（2）涂抹专用电力复合脂（导电膏）。（3）紧固螺栓	（1）相间温度差小于10℃。（2）接头温度小于 75℃	
	严重				
	危急				

缺陷内容	缺陷程度	检修类别	处理方式	技术要求	备注
电缆终端表面严重积污	一般	C、B类	（1）停电清扫。 （2）更换终端	电缆终端外观正常	
	严重				
	危急				
电缆终端异物悬挂	一般	D、C类	（1）不停电处理。 （2）停电处理	电缆终端应无异物悬挂	
	严重				
	危急				
终端下方电缆保护管（护铁）破损、封堵材料缺失	一般	D类	带电修复	终端下方电缆保护管应无破损、封堵材料缺失等情况	

28 直流设备检修

直流设备依据缺陷程度及现场情况可采用 A 类、B 类、C 类、D 类检修，见表 60。

表 60 直流电源设备缺陷处理

部件	缺陷类别	状态	检修类别	处理方式	技术要求	备注
充电装置	交直流电源异常	一般	D、C、A类	（1）检查交直流电源设置是否正确。 （2）检修交直流电源。 （3）更换交直流电源	交直流电源运行正常	
	整流装置异常	一般	B、A类	检查整流装置，并进行检修	整流装置运行正常	
蓄电池	蓄电池渗液、老化	一般	B类	更换	蓄电池无渗液、老化现象	
		严重				
	蓄电池电压、浮充电流异常	一般	B类	更换	蓄电池电压、浮充电流正常	
		严重				
直流屏、中央信号屏、所内屏、综合控制屏	指示灯信号、液晶屏异常	一般	D、C、A类	（1）检查指示灯信号是否与设备状态一致。 （2）检修指示灯接线或故障部件。 （3）更换失效的指示灯信号	指示灯信号运行正常	
直流绝缘监察装置	直流接地	严重	C类	检查二次接线情况，并进行处理	直流绝缘监察装置运行正常	

部件	缺陷类别	状态	检修类别	处理方式	技术要求	备注
直流绝缘监察装置	装置异常	一般	D、B类	检查装置运行情况，并进行检修	绝缘监察装置运行正常	
直流电源微机监控装置	装置异常	一般	D、B类	检查装置运行情况，并进行检修	直流电源微机监控装置运行正常	
直流空气开关	不能正常分、合	一般	A类	更换直流空气开关	直流空气开关拉合正常	

29 保护装置检修

保护装置检修主要为 C 类检修；保护装置依据缺陷程度及现场情况可采用 A 类、B 类、D 类检修。

29.1 保护装置 C 类检修项目（见表 61）

表 61 保护装置 C 类检修项目、内容及技术要求

检修项目	检 修 内 容	技 术 要 求	备注
外观检查	（1）检查装置内外部是否清洁无积尘。 （2）检查插件是否无损伤或变形，连线是否连接好。 （3）装置插件是否牢靠，配线是否连接良好。 （4）检查键盘按键响应是否良好，上电后液晶显示是否完好，检查电源额定输入电压	装置内外部清洁无积尘，插件无损伤或变形，配线连接牢靠、良好，键盘按键响应良好，液晶显示良好	
核对回路接线	（1）查清联跳回路电缆接线，如需拆头，应拆端子排内侧并用绝缘胶布包好，并做好记录。 （2）检查压板投切正确、接触良好	回路电缆接线正确	
版本检查、密码检查	对照保护装置版本与定值单进行检查	保护装置版本与定值单两者保持一致，保护密码正确	
绝缘检查	测交流电压回路对地、交流电流回路对地、控制电源回路对地、保护电源回路对地、信号电源回路对地、跳闸回路触点对地、合闸回路触点对地、各回路之间的绝缘	用 1000V 绝缘电阻表摇测，要求大于 1MΩ	

表 61（续）

检修项目	检 修 内 容	技 术 要 求	备注
模拟量输入检查	（1）对交流量额定输入时进行精度测试。 （2）对交流量零漂值进行测试	（1）将电流端子 A、B、C 相加入电流，电压端子 A、B、C 并接，交流采样显示与实测通入值的误差应不大于 5%。 （2）将保护装置的电流、电压输入端子开路，进入零试功能的交流测试菜单，要求零漂值均在 $0.01I_n$（或 0.05V）以内	
电流和电压零漂、精度检验	按照规程对电流和电压的零漂、精度进行检验	零漂、精度符合要求	
保护开入量、开出量检查	检查保护装置的开入量、开出量符合要求	保护开入量、开出量正确	
定值校核、检查	检查保护装置的定值与定值单是否一致	与定值单保持一致	
保护传动	根据保护定值逐一进行传动试验，包括过流保护动作、零序保护动作、合环保护动作、低周保护动作、重合闸保护动作、装置告警	（1）在 0.95 倍定值时可靠不动作，在 1.05 倍定值时可靠动作。 （2）传动试验结果与定值单保持一致	

29.2 保护装置缺陷处理（见表 62）

表 62 保 护 装 置 缺 陷 处 理

缺陷类别	缺陷程度	检修类别	处 理 方 式	技 术 要 求	备注
保护装置异常	一般	D、C、A 类	检查保护装置，并进行检修	保护装置运行正常	
	严重				
保护装置误动、拒动	危急	C、B、A 类	检查定值，检查保护装置，进行传动；更换模块或装置	保护装置运行正常	
保护装置电源灯、CPU 灯、液晶屏异常	一般	D、C、A 类	（1）检查指示灯信号是否与设备状态一致。 （2）检修指示灯信号接线或故障部件。 （3）更换失效的指示灯信号	指示灯信号运行正常	

30 配电终端设备检修

配电终端设备包括馈线终端（FTU）、站所终端（DTU）等。正常状态配电终端设备检修主要为 C 类检修；注意、异常、严重状态配电终端设备依据评价结果及现场情况可采用 A 类、B 类、C 类、D 类检修。

30.1 正常状态配电终端设备检修项目（见表 63）

表 63 正常状态配电终端设备检修项目、内容及技术要求

检修项目	检 修 内 容	技 术 要 求	备注
外观	（1）检查设备表面是否清洁，有无裂纹和缺损。 （2）检查二次端子排接线部分有无松动。 （3）检查柜门关闭是否良好，有无锈蚀、积灰，电缆进出孔封堵是否完好	（1）设备表面清洁，无裂纹和缺损。 （2）二次端子排接线部分无松动。 （3）柜门关闭良好，无锈蚀、积灰，电缆进出孔封堵完好	
运行状态	（1）检查交直流电源是否正常；直流电源蓄电池是否正常。 （2）检查终端设备运行工况是否正常，各指示灯信号是否正常。 （3）检查相关二次安全防护设备运行是否正常。 （4）检查有无工况退出站点，有无遥测、遥信信息异常情况	（1）交直流电源正常。 （2）终端设备运行工况正常，各指示灯信号正常。 （3）相关二次安全防护设备运行正常。 （4）无工况退出站点，无遥测、遥信信息异常情况	
通信及数据	（1）检查通信是否正常，能否接收主站发下来的报文。 （2）检查遥测数据是否正常，遥信位置是否正确。 （3）对终端装置参数定值等进行核实及时钟校对，做好相关数据的常态备份工作	（1）通信正常，能接收主站发下来的报文。 （2）遥测数据正常，遥信位置正确。 （3）终端装置参数定值等核实准确及时钟校对一致，相关数据的常态按时备份	
接地	检查设备的接地是否牢固可靠，终端装置电缆线头的标号是否清晰正确、有无松动	设备的接地牢固可靠，终端装置电缆线头的标号清晰正确、无松动	

30.2 注意、异常、严重状态配电终端设备缺陷处理（见表 64）

表 64 注意、异常、严重状态配电终端设备缺陷处理

部件	缺陷类别	状态	检修类别	处理方式	技术要求	备注
配电终端	污秽严重	注意	C 类	清扫：用干净的毛巾擦拭套管，用清洗剂擦拭污秽严重的部件	无污秽	
		异常				
		严重				
	裂纹、缺损	异常	A 类	更换	无裂纹、缺损	
		严重				

表 64（续）

部件	缺陷类别	状态	检修类别	处理方式	技术要求	备注
配电终端	柜门锈蚀、门锁破损、电缆孔洞未封堵	异常	C、B类	修补或更换门锁，电缆孔洞封堵	柜门及门锁正常，电缆孔洞封堵	
		严重				
	二次端子排接线松动	异常	C 类	紧固	二次端子排接线无松动	
附件	交直流电源异常	异常	D、C、A类	（1）检查交直流电源设置是否正确。（2）检修交直流电源。（3）更换交直流电源	交直流电源运行正常	
	指示灯信号、液晶屏异常	异常	D、C、A类	（1）检查指示灯信号是否与设备状态一致。（2）检修指示灯信号接线或故障部件。（3）更换失效的指示灯信号	指示灯信号运行正常	
	二次安全防护设备异常	异常	C、B类	检修或更换问题部件	二次安全防护设备无异常	
通信及数据	遥测、遥信信息数据异常	异常	D、C、A类	（1）检查异常遥测、遥信信息数据。（2）重新设置遥测、遥信信息。（3）检修或更换遥测、遥信信息模块	遥测、遥信信息运行正常	
	通信异常	异常		（1）检查通信信号及数据。（2）重新设置通信信号。（3）检修或更换通信问题部件	通信正常	
	误送（漏送）开关变位、故障告警遥信	异常		（1）检查航空插头。（2）更换终端		
	频繁、离上线现象（24h 次数超过 10 次）	严重		（1）检查通信是否正常。（2）更换终端		
	开关误动	严重		（1）更换配电终端。（2）更换开关本体		
	监视无应答	严重		（1）检查配电主站通信设备是否正常。		

表 64（续）

部件	缺陷类别	状态	检修类别	处理方式	技术要求	备注
通信及数据	监视无应答	严重	D、C、A类	（2）检查配电终端通信设备是否正常。 （3）更换配电终端		
后备电源	电池电压低报警	注意	D类	（1）测量蓄电池端电压。 （2）更换所有蓄电池		
接地	接地连接异常	异常	C、D类	（1）检查设备的接地是否牢固可靠。 （2）重新连接设备接地	接地连接正常	

31 通信设备检修

通信设备依据缺陷程度及现场情况可采用 A 类、B 类、D 类检修，见表65。

表 65 通 信 设 备 缺 陷 处 理

部件	缺陷类别	缺陷程度	检修类别	处理方式	技术要求	备注
光缆	光缆外皮破损	一般	D、B、A类	修复	通信正常	
	光缆发生断裂；光缆不能进行通信	危急		光功率的测试，判断光纤的故障；进行光缆接续		
光缆通道	桥架主材锈蚀、破损、部件缺失	一般	D、B、A类	修复、补充桥架	通道正常，无堆积物	
	通道堵塞			（1）清理堆积物。 （2）选择其他通道重新建设，线路迁改		
	埋地光缆通道无明确标识			修复、补充标识		
	埋地光缆覆土深度不够			（1）夯土回填。 （2）选择其他通道重新埋设、迁改		
以太网交换机	上电后，面板上所有指示灯不亮，或者 RUN 灯异常，交换机不工作	严重	D、B、A类	检查供电电源是否供电稳定，功率及电流是否满足需求，电源正负极是否接对，电源端子的是否松动，软件加载是否正常；更换交换机	以太网交换机运行正常	

部件	缺陷类别	缺陷程度	检修类别	处理方式	技术要求	备注
以太网交换机	端口不能 link，软件显示端口不工作	严重	D、B、A 类	自环，检查双绞线是否良好、端口是否锁定，检查端口状态是否连接	以太网交换机运行正常	
	网络风暴，交换机数据灯快速闪烁，通信异常，网管软件显示所有设备变红			断开环网，使网络成链行网络；检查交换机配置是否正确，链路是否稳定；是否存在意外成环；检查设备硬件是否存在问题		
	多模单模光纤混接			更换单模尾纤，修改光传输通道问题		
	交换机通信丢包			检查网线水晶头质量；更换网线；检查是否发生网络风暴；检查是否存在端口协商问题		
	交换机无故报 IP 地址冲突			对冲突的 Vlanmac 地址进行修改		
EPON 设备（ONU、ODN）	本体或端口告警	严重	D、B、A 类	检查设备运行状态、设备声光告警、空槽位应安装有假面板等是否正常	EPON 设备（ONU、ODN）运行正常	
	无法对 ONU 进行远程管控操作			检查 ODN 光纤连接、尾纤连接、光接头安插、线缆标签等是否正确		
	los 指示灯亮			光纤连接是否正常，测量 ONU 接收光功率		
	ONU 脱管			（1）检查光纤是否松动、断纤或光功率不正常。（2）更换 PON 接口盘		
	出现板卡或单元盘故障			对板卡或单元盘进行插拔		
无线通信设备	通信中断	一般	D 类	（1）检查无线通信模块外观情况，是否存在破损，固定是否牢固。（2）检查无线通信模块运行指示灯是否指示为在线状态。（3）使用专业工具或移动电话确认现场有无无线	现场无线通信模块通信线走线规范，接触良好	

表 65（续）

部件	缺陷类别	缺陷程度	检修类别	处理方式	技术要求	备注
无线通信设备	通信中断	一般	D 类	通信信号。 （4）检查无线通信模块上是否标示终端地址等关键配置信息。 （5）更换无线通信模块	现场无线通信模块通信线走线规范，接触良好	

附 录 A

（规范性附录）

常用螺栓紧固力矩

常用螺栓紧固力矩见表 A.1。

表 A.1 常用螺栓紧固力矩

N·m

螺纹尺寸	强度级别					
	4.6	4.8	5.6	8.8	10.9	70[b]
M3	0.5±0.1	0.7±0.1	0.6±0.1	1.4±0.1		1.4±0.1
M3.5	0.8±0.1	1.0±0.1	1.0±0.1	2±0.2		2±0.2
M4	1.0±0.1	1.5±0.1	1.4±0.1	3±0.3		3±0.3
M5	2.2±0.2	3.0±0.2	3.0±0.3	6±0.5		6±0.5
M6	4.0±0.4	5.1±0.4	6.0±0.5	8±1	12±2	8±1
M8			12.0±2	20±2	30±3	20±2
M10			25±3	40±4	60±6	40±4
M12			40±4	70±7	100±10	70±7
M16			100±10	170±20	250±25	170±20
M20				340±30	500±50	340±30
M24				600±60	800±80	
适用范围			Cu2，Cu3 制螺栓螺母 内六角沉头螺栓： DIN7991 螺柱： DIN833 DIN835 DIN836 DIN938 DIN939 内六角螺钉： DIN9 DIN914 DIN915 DIN916	8 级螺母： DIN934 DIN936 8.8 级螺栓： DIN931 DIN933 DIN6912 10.9 级不锈钢螺栓 [a]： DIN933 DIN912 DIN931	钢制 10.9 级螺栓： DIN912 DIN931 DIN933	A2 A4 Cu5

a 当高强度的螺栓被拧紧到铝块中时，为了使螺栓不至于破坏铝块内的螺纹，旋转紧固只允许使用强度等级 8.8 的螺栓所允许的力矩。

b 受力强度最小为 700N/mm²。

附 录 B

(规范性附录)

常用电缆直流电阻

常用电缆直流电阻见表 B.1。

表 B.1 常 用 电 缆 直 流 电 阻

电缆截面 mm^2	20℃下的直流电阻最大值 Ω/km	
	铝	铜
50	0.641	0.387
70	0.443	0.268
95	0.320	0.193
120	0.253	0.153
150	0.206	0.124
185	0.164	0.0991
240	0.125	0.0751
300	0.100	0.0601
400	0.0778	0.0470
500	0.0605	0.0366
630	0.0469	0.0283
800	0.0367	0.0221
1000	0.0291	0.0176
1200	0.0247	0.0151
1600	0.0186	0.0113
2500	0.0127	0.0073

附　录　C

（规范性附录）

电缆试验项目标准

电缆试验项目标准见表 C.1。

表 C.1　电 缆 试 验 项 目 标 准

试验项目	基准周期	试验方法和技术要求	说　明
红外热像检测	（1）3 个月。 （2）新设备投运及解体检修后 1 周内。 （3）必要时	（1）对于外部金属连接部位，相间温差超过 6℃应加强监测，超过 10℃应申请停电检查。 （2）终端本体相间超过 2℃应加强监测，超过 4℃应停电检查	（1）检测电力电缆终端和非直埋式电缆中间接头、交叉互联箱、外护套屏蔽接地点等部位。 （2）必要时：当电缆线路负荷较重（超过 50%）时，应适当缩短红外热像检测周期，建议一个月测量一次。注意：①需要对电缆线路各处分别进行测量，避免遗漏测量部位；②被检电缆带电运行，带电运行时间应该在 24h 以上，并尽量移开或避开电缆与测温仪之间的遮挡物，如玻璃窗、门或盖板等；③最好在设备负荷高峰状态下进行，一般不低于额定负荷的 30%。 （3）异常红外热像图应存档
电缆局部放电带电检测	新换电缆、新做电缆终端、电缆接头和必要时	应无明显的局部放电。局部放电检测应在相同的环境下多次检测比对，对疑似局部放电点应跟踪检测	
电缆主绝缘交流耐压试验	（1）基准周期：特别重要电缆线路 6 年，重要电缆线路 10 年，一般电缆线路必要时。 （2）新做电缆终端、电缆接头和必要时	（1）采用谐振装置，谐振频率：20Hz～300Hz，建议频率：30Hz～70Hz。 （2）10kV 电压为 $2U_0$，时间 5min。 （3）如试验条件许可，宜同时测量介质损耗因数和局部放电。未老化的橡塑绝缘电缆，其介质损耗因数应该很小，通常不大于 0.001，有增加明显，或者大于 0.002 时，需做进一步试验	（1）仅适用于橡塑绝缘电缆，充油电缆不适用。 （2）耐压前后应测量主绝缘绝缘电阻，应无明显差异。 （3）额定电压为 0.6/1kV 的电缆线路应用 2500V 绝缘电阻表测量导体对地绝缘电阻代替耐压试验，试验时间 1min。 （4）不具备试验条件或有特殊规定时，可采用施加正常统相对地电压 24h 方法代替交流耐压
	整条线路全部更换时	交流耐压试验电压和时间： | 额定电压 U_0/U kV	试验电压 kV	时间 min
---	---	---
18/30 及以下	$2U_0$	60		

表 C.1（续）

试验项目	基准周期	试验方法和技术要求	说　　明
主绝缘绝缘电阻测量	（1）基准周期： 10kV：特别重要电缆线路 6 年，重要电缆线路 10 年，一般电缆线路必要时。 （2）必要时	与初值比无显著变化	（1）额定电压 0.6/1kV 电缆用 1000V 绝缘电阻表；0.6/1kV 以上电缆用 5000V 绝缘电阻表测量。 （2）试验方法参考 DL/T 474.1。 （3）条件具备时进行
主绝缘直流耐压试验	（1）新做接头或终端后。 （2）10kV 特殊线路：6 年。 （3）必要时	额定电压 U_0/U（kV）/ 试验电压 kV（分相 / 统包）表如下： {见下表} （1）耐压 5min 时的泄漏电流值不应大于耐压 1min 时的泄漏电流值。 （2）三相之间的泄漏电流不平衡系数不应大于 2；6/6kV 及以下电缆的泄漏电流值小于 10μA，8.7/10kV 电缆的泄漏电流值小于 20μA 时，对不平衡系数不作规定	仅适用于纸绝缘电缆，诊断性试验，耐压时间为 5min
电缆振荡波局部放电（OWTS）检测	（1）基准周期： 10kV：特别重要电缆线路 6 年，重要电缆线路 10 年，一般电缆线路必要时。 （2）新设备投运前。 （3）更换中间接头后。 （4）需要时	（1）中间接头： 1）新电缆投运前：局部放电量大于 100pC，应查明原因。 2）运行 5 年以内电缆：局部放电量大于 300pC，应查明原因。 3）运行 5 年以上电缆：局部放电量大于 300pC，应引起注意；大于 500pC，应查明原因。 （2）终端接头：局部放电量大于 3000pC，应查明原因；大于 5000pC，不能投入运行	（1）局部放电最高测量电压，投运前新电缆为 $2U_0$，运行后电缆为 $1.7U_0$。 （2）耐压试验后进行

主绝缘直流耐压试验电压表：

额定电压 U_0/U（kV）	试验电压 kV	
	分相	统包
0.6/1		4
1.8/3	9	12
2.6/3	13	17
3.6/6	18	24
6/6	30	30
6/10	30	40
8.7/10	44	47

附　录　D

（规范性附录）

连接管及端子的内径与导体的配合尺寸

连接管及端子的内径与导体的配合尺寸见表 D.1。

表 D.1　连接管及端子的内径与导体的配合尺寸

电缆截面 mm²	导体外径 mm	接管内径 mm	端子内径 mm
25	6.0±0.10	7.0±0.30	7.0±0.22
35	7.0±0.10	9.0±0.30	9.0±0.22
50	8.3±0.10	10.0±0.40	10.0±0.22
70	10.0±0.10	12.0±0.40	12.0±0.27
95	11.6±0.15	13.0±0.50	13.0±0.27
120	13.0±0.15	15.0±0.50	15.0±0.27
150	14.6±0.15	16.0±0.60	16.0±0.27
185	16.2±0.20	18.0±0.60	18.0±0.27
240	18.4±0.20	20.0±0.60	20.0±0.33
300	20.6±0.20	23.0±0.70	22.0±0.33
400	23.8±0.20	26.0±0.80	25.0±0.33

附　录　E

（规范性附录）

状态检测设备维护项目及技术标准

设备红外检测装置检修项目、检修内容及技术要求见表 E.1；设备超声波局部放电测量检测装置检修项目、检修内容及技术要求见表 E.2；设备暂态地电压测量检测装置检修项目、检修内容及技术要求见表 E.3。

表 E.1　设备红外检测装置检修项目、检修内容及技术要求

检修项目	检 修 内 容	技 术 要 求	维护周期
功能检查	（1）操作功能检查。 （2）视频输出功能检查	（1）操作功能检查： 通过按键调用操作界面。 通过菜单或其他方式改变显示模式和调节色标。 通过菜单或其他方式冻结并拍摄图像。 通过菜单或其他方式存储图像到相应的存储器上。 通过菜单或其他方式调用单点或多点温度测量点，并显示测量温度。 如装置具备中文菜单显示功能，具备通过菜单或其他方式调用中文菜单或中文提示功能。 通过菜单或其他方式具备设置目标距离、目标发射率、环境温度湿度等。 （2）视频输出功能检查： 将热像仪的输出视频信号连接到外部显示器，能够将图像完整、清晰的显示	每年 1 次
仪器误差检查	仪器误差检查	满足仪器测温精度：±0.2℃（30℃时）	

表 E.2　设备超声波局部放电测量检测装置检修项目、检修内容及技术要求

检修项目	检 修 内 容	技 术 要 求	维护周期
外观检查	外观检查	设备外观检查，主要检查设备是否受损，接头位置是否存在连接不良情况	每 2 年 1 次
检测设备通电检查	设备运行状态检查	设备通电，检测主机与传感器连接是否正常，检测软件是否正常工作	

表 E.3　设备暂态地电压测量检测装置检修项目、检修内容及技术要求

检修项目	检 修 内 容	技 术 要 求	维护周期
外观检查	外观检查	设备外观检查，主要检查设备是否受损，接头位置是否存在连接不良情况	每 2 年 1 次
检测设备通电检查	设备运行状态检查	设备通电，检测主机与传感器连接是否正常，检测软件是否正常工作	

附 录 F
（资料性附录）
电缆常用故障测寻方法

F.1 电缆主绝缘故障测寻方法

F.1.1 电桥法

电桥法原理图如图 F.1 所示，将被测电缆故障相与非故障相短接，电桥两臂分别接故障相与非故障相，调节电桥两臂上的一个可调电阻器，使电桥平衡，利用比例关系和已知的电缆长度就能得出故障距离。

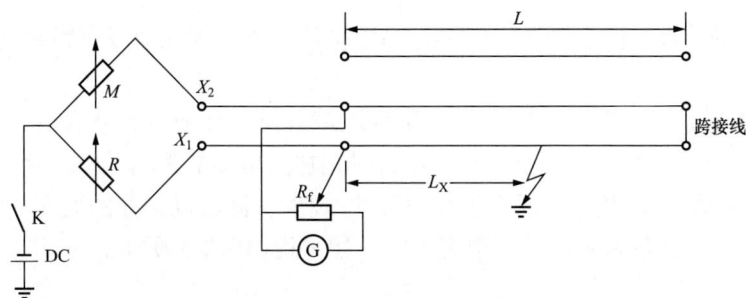

图 F.1　电桥法原理图

电桥平衡时则有

$$ML_x = (2L - L_x)R \tag{F.1}$$

所以

$$L_x = \frac{2LR}{R+M} \tag{F.2}$$

式中：

L ——电缆长度，m；

R ——测量臂电阻，Ω；

M ——比例臂电阻，Ω；

L_x ——从测量端到故障点的距离，m。

分相电缆由于感应电流的干扰，电桥的检流计无法平衡，所以电桥法只能用于三相统包电缆。

电桥法的优点是比较简单，精确度符合现场工程测试要求，对于电缆线路的两相短路故障，测起来甚为方便。但是它的适用范围有限，对电缆线路的高阻和闪络性故障，由于电桥电流很小而不易探测。

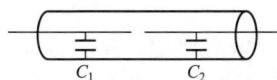

图 F.2　电容法原理图

F.1.2 电容法

电容法就是利用断线电缆故障点两侧电缆电容与长度成比例的原理，通过测量两侧电容，计算故障点的距离，其原理图如图 F.2 所示。这种方法简单实用，但只适用于电缆断线故障。

由电容法原理

$$l:(C_1+C_2)=l_x:C_1 \tag{F.3}$$

所以

$$l_x=\frac{C_1 l}{C_1+C_2} \tag{F.4}$$

式中：

l——电缆全长；

l_x——断点长度；

C_1——线点电容；

C_2——线尾电容。

F.1.3 低压脉冲法

由于电桥法受接地电阻限制，不能测量高阻接地故障，因此故障点距离的测量已逐渐被脉冲法代替。

低压脉冲法的测距原理是，用仪器测量低阻或开路故障时，由检测仪内产生一宽度为 $0.1\mu s\sim 2\mu s$、幅度大于 120V 的低压脉冲。在 t_0 时刻加到电缆故障相一端，此时脉冲便以速度 v 向电缆故障点传播，到达故障点后产生反射脉冲，反射脉冲波以同样的速度 v 向测量端传播，经 t_x 时间到达测量端。反射脉冲波在电缆中的传播过程如图 F.3 所示。

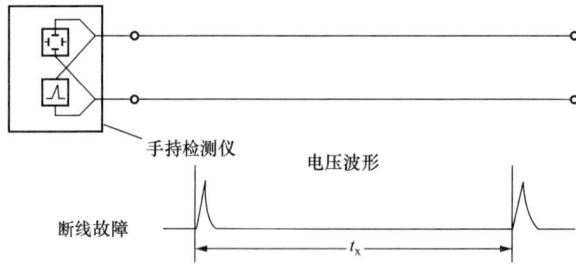

手持检测仪　　电压波形

断线故障　　t_x

图 F.3　低压脉冲法

则故障点距离

$$L_x=\frac{t_x v}{2} \tag{F.5}$$

式中：

L_x——故障点距离；

t_x——脉冲反射时间；

v——波速。

低压脉冲法可以探测低阻或开路故障，但不能测高阻性故障和闪络性故障。

F.1.4 高压脉冲法

高压脉冲法是一种无烧穿故障点的测距方法，适用范围很广，短路、低阻接地、高阻接地、闪络故障、断线故障都可测量，对有屏蔽的电力电缆主绝缘故障是一种比较好的测量方法。

采用高压脉冲法测量电缆故障，可分为电压法和电流法，前者测量电压波在电缆中的来回反射时间，后者测量电流波在电缆中的来回反射时间，两者没有本质的不同。

F.1.4.1 脉冲电压法

首先将电缆故障在直流或脉冲高压信号下击穿，然后通过记录放电脉冲在测量点与故障点往返一次所需的时间来测距。脉冲电压法主要有直流高压闪络（直闪法）与冲击高压闪络（冲闪法）两种方法，目前一般采用直流闪络法。图 F.4 为直流闪络法测量原理图。

脉冲电压法的一个重要优点是不必将高阻与闪络性故障烧穿，直接利用故障击穿产生的瞬时脉冲信号，测试速度快，测量过程也得到简化。但脉冲电压法也有它的缺点，首先安全性差，仪器通过一个电容电阻分压器分压测量电压脉冲信号，仪器与高压回路有电耦合，很容易发生高压信号串入，造成仪器损坏；其次在利用闪测法测距时，高压电容对脉冲信号呈短路状态，需要串一个电阻或电感以产生电压信号，增加了接线的复杂性，使故障点不容易击穿；还有在故障放电时，特别在冲闪时，分压器耦合的电压波形变化不尖锐，难以分辨。

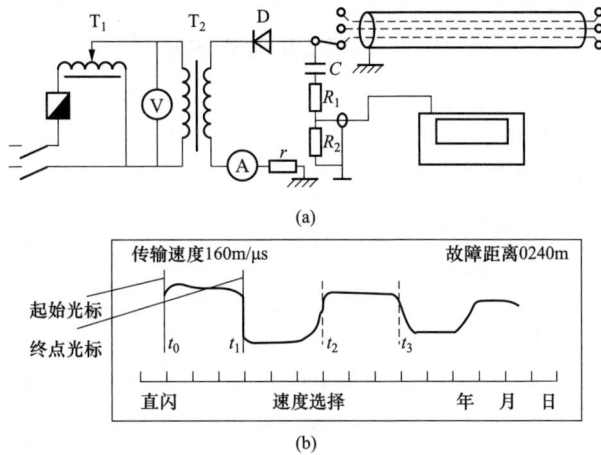

图 F.4　直流闪络法测量原理图

（a）接线图；（b）波形图

F.1.4.2 脉冲电流法

脉冲电流法是将电缆故障点用高压击穿，使用仪器采集并记录下故障点击穿产生的电流行波信号，通过分析判断电流行波信号在测量点与故障点往返一趟的时间来计算故障距离。这种方法用互感器将脉冲电流耦合出来，波形较简单，较安全。这种方法也包括直闪法及冲闪法两种方法。分别如图 F.5～图 F.7 和表 F.1 所示。

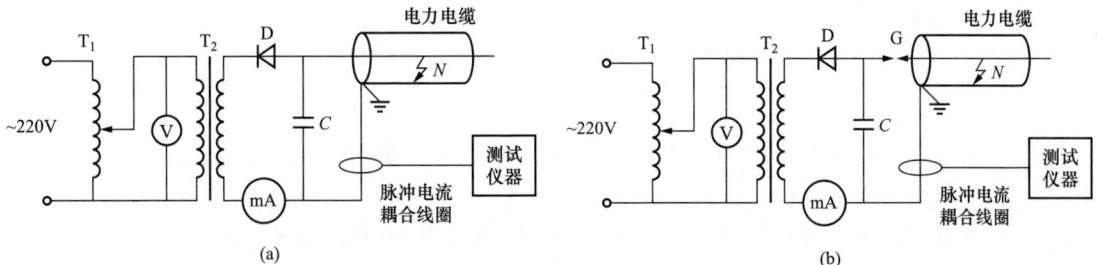

图 F.5　电流法的测量接线

（a）直闪法；（b）冲闪法

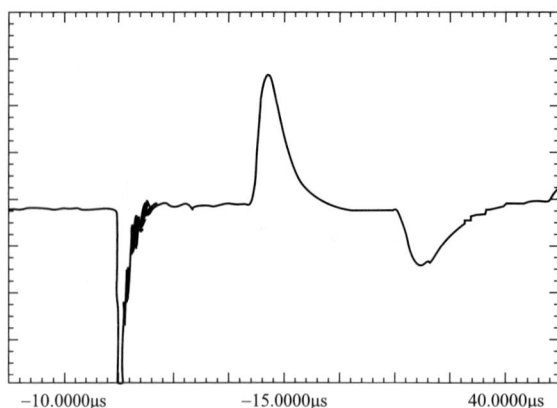

图 F.6　开路反射实测波形图

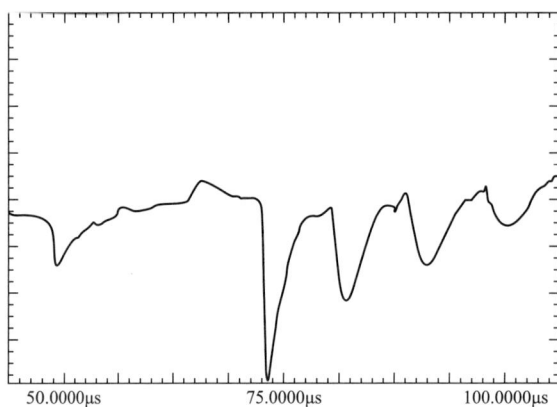

图 F.7　短路反射实测波形

表 F.1　不同故障情况下的波形性质

反射性质 波类型　远端状态	短路	开路
电压波	负全反射	正全反射
电流波	正全反射	负全反射

F.1.5　二次脉冲法

二次脉冲法综合了低压脉冲法和高压脉冲法的优点，利用冲击高压或直流高压击穿故障点。闪络通道的低阻状态有一定的维持时间，在这一时段内，发射低压脉冲，检测反射脉冲，计算它们的时间间隔，得到故障点距离。二次脉冲法原理图如图 F.8 所示。

用冲击发生器产生高能脉冲加到测试电缆上，在高阻故障点处产生闪络放电，在故障点起弧的瞬间通过内部装置触发，发射一低压脉冲，此脉冲在故障点闪络处（电弧的电阻值低）

发生短路反射，并记忆在仪器中，电弧熄灭后，复发一测量脉冲通过故障点处直达电缆末端并发生开路反射，比较两次低压脉冲波形，波形轨迹将在故障点处将会有明显的发散，从而判断出故障点（击穿点）位置，如图 F.9 所示。

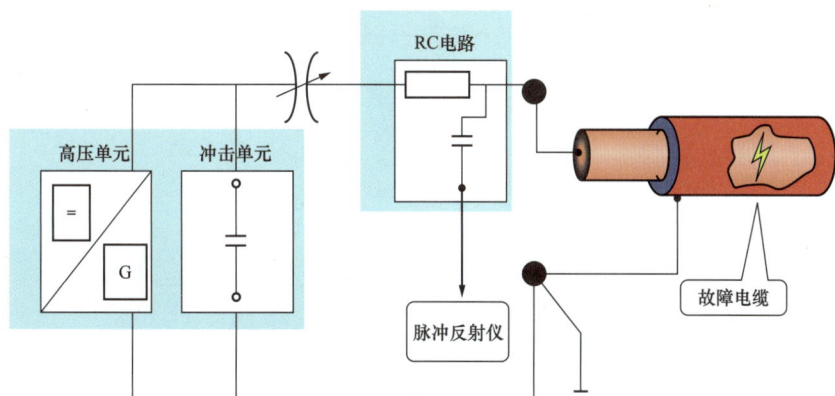

图 F.8　二次脉冲法原理图

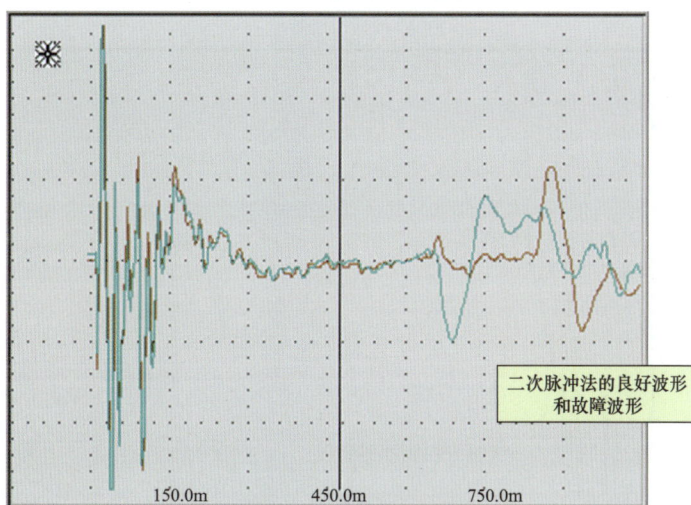

图 F.9　二次脉冲波形

　　但二次脉冲法燃弧时间短、燃弧不容易稳定，现场测试时要通过多次实测波形的观察，选择合适的迟延时间，选出最适合判读的测试波形。另外故障点发生在电缆始端或近始端时，波形稍复杂一些，精确读数会引入一定误差。

F.1.6　三次脉冲法

　　三次脉冲法是二次脉冲法的升级，其原理图如图 F.10 所示。首先在不击穿被测电缆故障点的情况下，测得低压脉冲的反射波形，紧接着用高压脉冲击穿电缆的故障点产生电弧，在电弧电压降到一定值时触发中压脉冲来稳定和延长电弧时间，之后再发出低压脉冲，从而得到故障点的反射波形，两条波形叠加后同样可以发现，发散点就是故障点对应的位置，如图 F.11 所示。由于采用了中压脉冲来稳定和延长电弧时间，它比二次脉冲法更容易得到故障点波形。

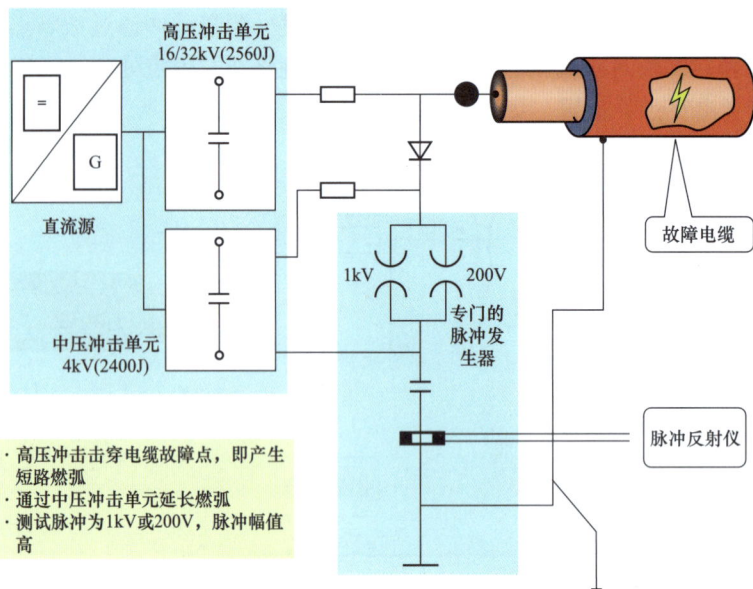

图 F.10　三次脉冲法原理图

・高压冲击击穿电缆故障点，即产生短路燃弧
・通过中压冲击单元延长燃弧
・测试脉冲为1kV或200V，脉冲幅值高

高压冲击单元
16/32kV(2560J)

直流源

中压冲击单元
4kV(2400J)

1kV　200V
专门的脉冲发生器

故障电缆

脉冲反射仪

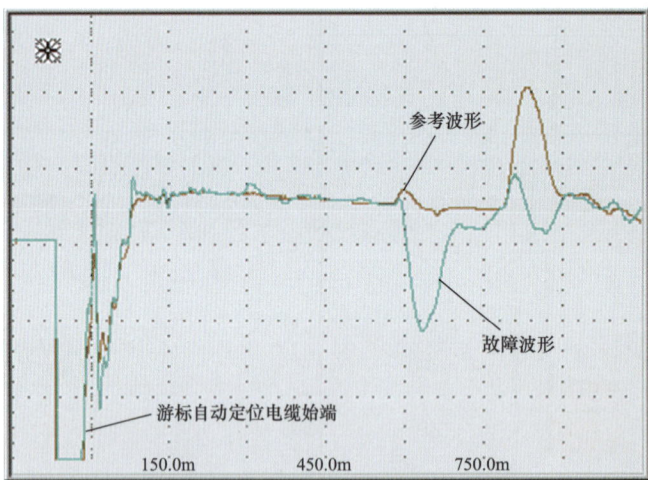

参考波形

故障波形

游标自动定位电缆始端

150.0m　450.0m　750.0m

图 F.11　三次脉冲实测波形

F.2　电缆故障精确定位

F.2.1　声测定点法

声测定点法利用与高压脉冲法相同的高压设备，使故障点击穿放电。故障间隙放电时产生的机械振动传到地面，利用声电传感器检测，可以比较准确地对电缆故障点进行定位。声测定点法比较灵敏可靠，较为常用。一般除接地电阻特别低（＜50Ω）的接地故障外都能适用。声测定点法原理图如图 F.12 所示。

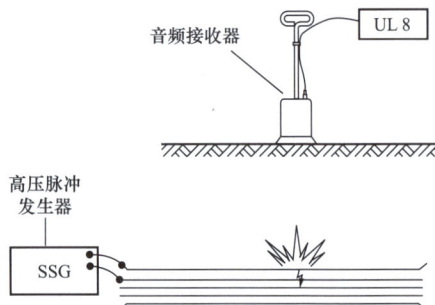

音频接收器　UL 8

高压脉冲发生器

SSG

图 F.12　声测定点法原理图

F.2.2 音频感应法

对于电力电缆的短路故障，由于无放电声而不能采用声测定点法，只能采用音频感应法对故障点进行准确定点。音频感应法用音频信号发生器在电力电缆短路相芯线间通上音频电流，电力电缆会发出电磁波。在电力电缆故障点附近的地面上用探头（电感式线圈）沿被测电力电缆走向接收电磁场变化的信号，将信号放大后送入耳机或指示仪表检测信号的变化情况，直至信号消失。在电力电缆故障点音频信号最强。

F.2.3 声磁同步法

由于现场环境存在各种干扰，单独的声测法和磁测法不能区分放电信号与干扰信号。采用声磁信号同步接收法，利用声电传感器监听声音信号，同时接收空间脉冲磁场信号，就可以判断出所测信号是否由故障点放电产生，以准确地判断故障点位置。声磁同步法原理图如图 F.13 所示。

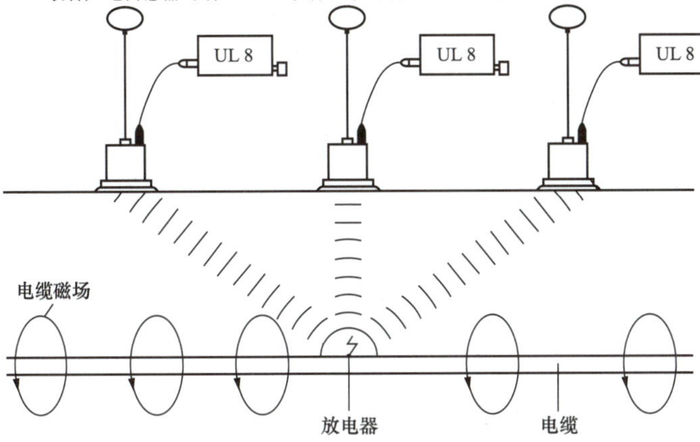

图 F.13　声磁同步法原理图

F.3　外护套故障测寻方法（跨步电压法）

外护套故障测寻方法（跨步电压法）如图 F.14 和图 F.15 所示。

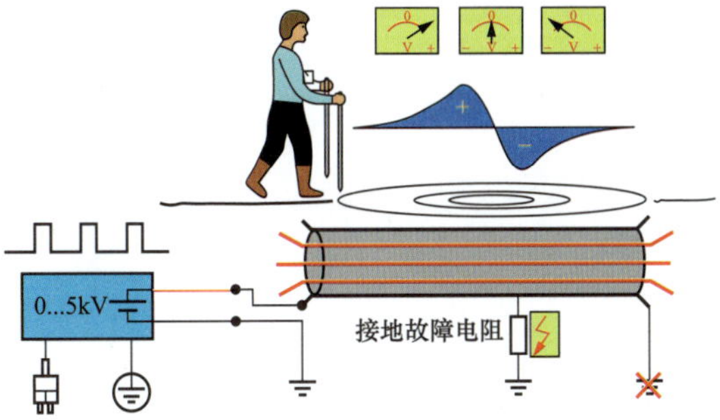

图 F.14　跨步电压法原理图（一）

给被测电缆施加脉动或脉冲信号，如果电缆故障点处存在破损并接地，在故障点附近就存在由强到弱的有向电场梯度。沿电缆路径用测量设备可测得信号的幅度和方向。在故障点前后，检流计指针所指的方向相反，进而找到电缆的故障点。

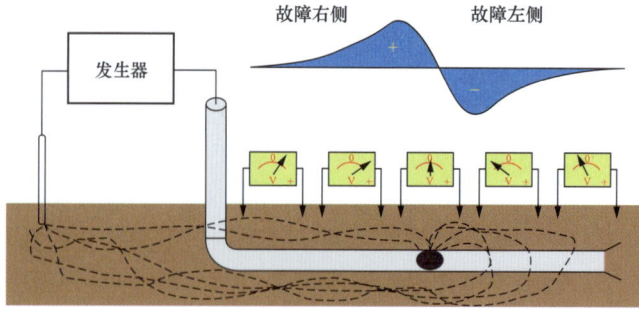

图 F.15　跨步电压法原理图（二）